# 钢结构工程计价指南

中国建筑金属结构协会
上海建工集团股份有限公司　主编
住房和城乡建设部标准定额研究所

U0249210

中国建筑工业出版社

**图书在版编目（CIP）数据**

钢结构工程计价指南／中国建筑金属结构协会，上海建工集团股份有限公司，住房和城乡建设部标准定额研究所主编. — 北京：中国建筑工业出版社，2023.8
ISBN 978-7-112-29005-5

Ⅰ.①钢… Ⅱ.①中… ②上… ③住… Ⅲ.①钢结构－建筑工程－工程造价－指南 Ⅳ.①TU723.3－62

中国国家版本馆 CIP 数据核字（2023）第 146103 号

　　本书主要内容包括建筑钢结构、市政桥梁钢结构以及金属屋面、墙面工程设计、加工、运输及安装全过程（包括检测及监测）计价方式及计价要点，具体包括：第 1 章 总则，第 2 章 术语，第 3 章 钢结构工程计价方式，第 4 章 钢结构设计计价，第 5 章 钢结构加工制作与运输计价，第 6 章 钢结构配件与制品计价，第 7 章 钢结构安装计价，第 8 章 钢结构防腐与防火计价，第 9 章 金属围护系统计价，第 10 章 试验、检测及施工监测计价。本书通过对钢结构工程（包括建筑钢结构、市政桥梁钢结构以及金属屋面、墙面工程）从设计、加工制作、现场安装等各个实施阶段不同工序、不同工艺在技术经济层面进行解析及定性分析，为钢结构工程计价提供参考。

责任编辑：周娟华
责任校对：刘梦然
校对整理：张辰双

**钢结构工程计价指南**

中国建筑金属结构协会
上海建工集团股份有限公司　主编
住房和城乡建设部标准定额研究所

＊

中国建筑工业出版社出版、发行（北京海淀三里河路 9 号）
各地新华书店、建筑书店经销
北京红光制版公司制版
廊坊市海涛印刷有限公司印刷

＊

开本：850 毫米×1168 毫米　1/32　印张：4⅞　字数：128 千字
2023 年 9 月第一版　　2023 年 9 月第一次印刷
定价：**48.00** 元
ISBN 978-7-112-29005-5
（41725）

**版权所有　翻印必究**
如有内容及印装质量问题，请联系本社读者服务中心退换
电话：（010）58337283　QQ：2885381756
（地址：北京海淀三里河路 9 号中国建筑工业出版社 604 室　邮政编码：100037）

# 《钢结构工程计价指南》编委会

**主编单位**

中国建筑金属结构协会

上海建工集团股份有限公司

住房和城乡建设部标准定额研究所

**参编单位**

上海市机械施工集团有限公司

同济大学

太原理工大学

北京市建筑设计研究院有限公司

上海建工（江苏）钢结构有限公司

浙江江南工程管理股份有限公司

北京建工集团有限责任公司

森特士兴集团股份有限公司

中建钢构股份有限公司

中建三局第一建设工程有限责任公司钢结构公司

中建二局安装工程有限公司

陕西建工钢构集团有限公司

浙江东南网架股份有限公司

江苏沪宁钢机股份有限公司

巴特勒（上海）有限公司

上海通用建筑工程有限公司

多维联合集团有限公司

河北浩石集成房屋有限公司

上海市建筑科学研究院有限公司

新疆生产建设兵团第六建筑工程有限责任公司

北京城建精工钢结构工程有限公司

**主要编写人员**

陈晓明　郝际平　刘大同　孙晓彦　罗永峰　曹　旸
夏凉风　高　骏　胡育科　朱忠义　徐海峰　周　锋
李海旺　周观根　张　伟　高　峰　胡新赞

**参加编写人员**（按姓氏笔画排序）

丁美志　卜延渭　王军鹏　王科闯　王益民　方敏勇
孔卉楠　叶小强　田生文　刘春波　闫　涛　运家伦
李　旻　杨石彬　吴迎新　张　伟　张　琳　武灵芝
郏利亚　周　瑜　周丽芸　周忠发　周春勇　郑红升
夏林印　徐文敏　徐永陈　曾志攀　蔡建中　穆新荣
魏　举

# 前　　言

改革开放以来，我国钢结构行业不断发展壮大，钢结构市场未来前景广阔。近年来我国的城市化进程对钢结构需求的拉动作用明显，大型建筑对钢结构的需求也日益增大。而在钢结构行业发展中，造价工作作为关键环节，作用十分明显，如何加强钢结构的造价管理，对于我国钢结构的发展具有重要的意义。

目前建筑业改革方兴未艾，为充分发挥市场在资源配置中的决定性作用，进一步推进工程造价市场化改革，促进建筑业转型升级，住房和城乡建设部于2020年印发了《工程造价改革工作方案》，方案指出：通过改进工程计量和计价规则、完善工程计价依据发布机制、加强工程造价数据积累、强化建设单位造价管控责任、严格施工合同履约管理等措施，推行清单计量、市场询价、自主报价、竞争定价的工程计价方式，进一步完善工程造价市场形成机制。

钢结构工程造价管理，作为建筑业造价管理的重要组成部分，贯穿于钢结构建设管理的全过程，对工程品质、投资效益等均具有直接影响，是建设可持续发展的重要保障。近年来，造型各异的钢结构不断涌现，新材料、新技术、新设备层出不穷，同时不少钢结构项目开始进入改建阶段，传统的计价方式已无法涵盖全部钢结构的工艺和技术，而且在清单计价方式中也面临着由于各类加工制作工艺不同而导致无法精准定价的问题。

为推进工程造价市场化改革，进一步加强钢结构工程造价管理，帮助和指导工程承发包单位的钢结构工程造价计价工作，促进钢结构行业的有序健康发展，由中国建筑金属结构协会、上海建工集团股份有限公司和住房和城乡建设部标准定额研究所联合发起，邀请国内高校、总承包企业、钢结构专业企业、设计院、造价顾问等行业骨干企事业单位，共同组织编写了《钢结构工程计价指南》（以下简称《指南》）。

《指南》共分 10 章，主要内容包括：总则、术语、钢结构工程计价方式、钢结构设计计价、钢结构加工制作与运输计价、钢结构配件与制品计价、钢结构安装计价、钢结构防腐与防火计价、金属围护系统计价和试验、检测及施工监测计价。

《指南》编写过程中得到了住房和城乡建设部标准定额司的大力支持和指导，在此表示衷心的感谢。由于时间仓促，难免有疏漏，不当之处请读者朋友批评指正。本书仅供钢结构计价工作参考，不承担法律责任。如与现行法律、规范标准冲突时，以法律、规范标准为准。

# 目　　录

# 第1章 总 则

**1.0.1** 为促进钢结构工程建设健康发展，构建优质优价的市场氛围，指导钢结构工程造价文件编制，依据我国现行相关法律、法规和标准，编制本指南。

**1.0.2** 本指南适用于建筑钢结构、市政桥梁钢结构，以及金属屋面、墙面工程的发包、承包计价及造价文件编制。

**1.0.3** 钢结构工程的计价活动应遵循平等、自愿、公平、诚信的原则。

**1.0.4** 钢结构工程的计价活动，除应符合本指南外，尚应符合国家现行有关法律法规和标准规范的规定。

# 第2章 术 语

## 2.1 钢结构工程术语

**2.1.1 钢结构详图设计 detailed design of steel structure**

对钢结构设计施工图进行的细化设计，也称为钢结构深化设计。形成可用于详图设计报审和指导施工详图设计的技术文件，包括深化设计布置图、节点深化设计图、焊接连接通用图等内容。

**2.1.2 建筑信息模型 building information model**

在建设工程及设施全生命期内，对其物理和功能特性进行数字化表达，并依此进行设计、施工、运营的过程和结果的总称。

**2.1.3 零件 parts**

组成部件或构件的最小单元，如节点板、翼缘板、腹板、加劲肋等。

**2.1.4 部件 components**

由若干零件组成的单元，如焊接 H 型钢、牛腿等。

**2.1.5 构件 members**

由零件或由零件和部件组成的钢结构基本单元，如梁、柱、支撑等。

**2.1.6 小拼单元 small assembly unit**

结构安装工程中，除散件之外的最小安装单元，一般分为平面桁架和锥体两种类型。在其他类型钢结构中，也可以将部分散件拼装形成小拼单元进行安装。

**2.1.7 铸钢件 cast-steel element**

铸钢材料通过铸造工艺形成的零件，可采用单件形式存在的结构构件或节点，或结构构件和节点的组合，是形成铸钢结构的基本单元。

**2.1.8 锻件 forgeable piece**

通过对金属坯料进行锻造变形而得到的结构构件或节点。

**2.1.9 支座 bearing**

上部结构与下部结构或基础之间的传力装置。

**2.1.10 消能阻尼器 energy dissipation device**

通过内部材料或构件的摩擦、弹塑性滞回变形、黏（弹）性滞回变形、电磁感应来耗散或吸收能量的装置。

**2.1.11 隔震装置 isolation device**

安装于建筑中阻断地震能量传播的组合装置。

**2.1.12 关节轴承 spherical plain bearing**

滑动接触表面为球面的轴承，主要适用于摆动运动、倾斜运动和低速旋转运动的滑动轴承。

**2.1.13 预拼装 pre-assembling**

为检验构件形状和尺寸是否满足质量要求而预先进行的试拼装。

**2.1.14 数字化模拟预拼装 digitization simulated preassembly**

在计算机中采用数字化模型预先模拟拼装形成分段构件或结构单元的方法。

**2.1.15 焊接工艺评定 welding procedure qualification**

为验证所拟定的焊件焊接工艺的正确性而进行的试验及评价过程。

**2.1.16 施工阶段结构分析 structure analysis during construction**

在钢结构制作、运输和安装过程中，为验证相关功能要求所进行的结构分析和计算。

**2.1.17 预变形 pro-deformation**

为了使施工完成后的结构或构件达到设计几何定位的控制目标，制作或安装过程中采用的不同于设计理论坐标的坐标差值。

**2.1.18 胎架 support frame**

为方便钢结构装配与焊接的一种专用承重工艺装置，通常采用型钢或钢板制作。

**2.1.19 临时措施 temporary measure**

在施工期间为了满足施工需求和保证工程安全而设置的一些必要的构造或临时零部件和杆件，如吊装孔、连接板、辅助构件等。

**2.1.20 临时支承结构 temporary support structure**

在施工期间为了满足施工需求和保证工程安全而设置的临时结构，又称临时支撑。

**2.1.21 临时支撑卸载 unloading of temporary support**

钢结构完成安装后，逐步从临时支撑支承状态转换至钢结构永久受力状态，临时支撑承受的荷载逐步减小，直至完全卸除的过程。

**2.1.22 结构检测 inspection of structure**

为评定结构工程的质量或鉴定既有结构的性能等所实施的检测工作。

**2.1.23 施工监测 construction monitoring**

施工期间根据要求频繁、连续观察或量测结构状态的活动。

## 2.2 钢结构计价术语

**2.2.1 工程量清单 bills of quantities**

建设工程文件中载明项目名称、项目特征、工程数量的明细清单。

**2.2.2 分部分项工程 work sections and trades**

分部工程是单位工程的组成部分，是按结构部位、施工特点或施工任务将单位工程划分的若干个项目单元；分项工程是分部工程的组成部分，是按不同施工方法、材料及工序等将分部工程划分的若干个项目单元。

**2.2.3 措施项目 preliminaries**

为完成工程项目施工，发生于施工准备和施工过程中的技术、生活、安全、文明施工等方面的项目。

**2.2.4　项目特征　item description**

　　载明完工交付要求且构成工程量清单项目自身价值的本质特征。

**2.2.5　综合单价　all-in unit rate**

　　综合考虑技术标准、施工条件、气候等影响因素以及一定范围与幅度内的风险，按完工交付要求完成单位数量相应工程量清单项目所需的费用，包括人工费、材料费、施工机具使用费和企业管理费、利润。

**2.2.6　单价合同　unit rate contract**

　　发承包双方约定主要以工程量清单及其综合单价进行合同价格计算、调整和确认的建设工程施工合同。

**2.2.7　总价合同　lump sum contract**

　　发承包双方约定主要以招标时的设计文件（非招标工程为签约时的设计文件）、已标价工程量清单及有关条件进行合同总价计算、调整和确认的建设工程施工合同。

**2.2.8　成本加酬金合同　cost plus**

　　发承包双方约定以施工工程成本再加约定的酬金进行合同价格计算、调整和确认的建设工程施工合同。

**2.2.9　工程变更　variation of works**

　　经发包人批准的对合同工程的工作内容、质量要求、位置与尺寸、施工顺序与时间、施工条件或其他特征及合同条件等的改变。

**2.2.10　工程量清单缺陷　bill of quantities defects**

　　招标工程量清单与对应的招标时的设计文件（非招标工程为签约时的设计文件）之间出现的工程量清单缺漏项、项目特征不符以及工程量偏差。

**2.2.11　暂列金额　provisional sum**

　　发包人在招标工程量清单中暂定并包括在合同价格中用于工程施工合同签订时尚未确定或者不可预见的所需材料、服务采购，施工中可能发生工程变更、价款调整因素出现时合同价格调整以及发生工程索赔等的费用。

**2.2.12　暂估价　prime cost sum**

发包人在招标工程量清单中提供的，用于支付在施工过程中必然发生，但在工程施工合同签订时暂不能确定价格的材料单价和专业工程金额，包括材料暂估价和专业工程暂估价。

**2.2.13　计日工　dayworks**

承包人完成发包人提出的零星项目、零星工作时，依据经发包人确认的实际消耗人工、材料、施工机具台班数量，按约定单价计价的一种方式。

**2.2.14　总承包服务费　main contractor's attendance**

总承包人对发包人自行采购的材料等进行保管，配合、协调发包人进行的专业工程发包以及对非承包范围工程提供配合协调、施工现场管理、已有临时设施使用、竣工资料汇总整理等服务所需的费用。

**2.2.15　安全文明施工费　health, safety and environmental provisions**

承包人为保证安全施工、文明施工，保护现场内外环境和搭拆临时设施等所采用的措施而发生的费用。

**2.2.16　工程索赔　project claim**

当事人一方因非己方的原因而遭受经济损失或工期延误，按照法律法规规定，应由对方承担补偿义务，向对方提出工期和（或）费用补偿要求的行为。

**2.2.17　提前竣工（赶工）费　early completion (acceleration) cost**

承包人应发包人的要求而采取加快工程进度措施，使合同工程整个工期或分段节点工期缩短，由此产生的应由发包人支付的费用。

**2.2.18　误期赔偿费　delay damages**

承包人未按照合同工程的计划进度施工，导致实际工期超过合同整个工期或分段节点工期（包括经发包人批准的延长工期），承包人应向发包人赔偿损失的费用。

**2.2.19** 工程结算 final account

发包人和承包人根据有关法律法规规定和合同约定，对合同工程实施中、终止时、已完工后的工程项目进行的合同价格计算、调整和确认的活动，包括施工过程结算、合同解除结算、竣工结算。

**2.2.20** 施工过程结算 interim settlement

发包人和承包人根据有关法律法规的规定和合同约定，在过程结算节点上对已完工程进行当期合同价格的计算、调整、确认的活动。

**2.2.21** 规费 statutory fees

根据省级政府或省级有关权力部门规定必须缴纳的，应计入建筑安装工程造价的费用。

**2.2.22** 税金 taxes

国家税法规定的应计入建筑安装工程造价内的增值税、城市维护建设税及教育费附加等。

# 第3章 钢结构工程计价方式

## 3.1 计价依据及造价文件

**3.1.1** 工程计价是指按照现行法律法规及标准规范规定的程序、方法和依据，对工程项目建设各阶段的内容构成及其工程造价进行的预测和估算。

**3.1.2** 工程计价的依据包括：工程计价项目与内容、计价方法与价格标准，以及计价时参照的相关工程计量计价标准、工程计价定额及工程造价信息等，工程计价依据主要包括但不局限于下列项目：

    **1** 国家、省（自治区、直辖市）、行业建设主管部门颁布的法律法规；

    **2** 工程量清单计价和计量规范；

    **3** 国家、省（自治区、直辖市）、行业建设主管部门制定的各种定额，包括工程消耗量定额和工程计价定额等；

    **4** 价格信息工程造价指数和已完工程信息等工程造价信息；

    **5** 建设工程相关设计、招标、投标及结算文件；

    **6** 企业定额。

**3.1.3** 钢结构工程造价文件可按不同阶段分为估算文件、概算文件、施工图预算文件、施工过程的变更文件以及结算文件。

## 3.2 钢结构工程计价方法

**3.2.1** 钢结构工程计价可采用工程量清单计价或工程定额计价的方式。

**3.2.2** 工程量清单计价可采用单价计价和总价计价两种方式。

**3.2.3** 工程量清单计价一般采用综合单价。综合单价应包括为完成工程量清单项目，每计量单位工程量所需的人工费、材料费、施工机具使用费、管理费、利润，并考虑风险、特殊要求等的费用。综合单价分析表应明确各项费用的计算基础、费率和计算方法。

**3.2.4** 工程量清单可采用分部分项工程项目清单或实物量清单的形式。本指南的工程量清单主要采用分部分项工程项目清单形式，分部分项工程项目清单以外的可在措施项目清单和其他项目清单中列出。

**3.2.5** 分部分项工程项目清单应按单价计价方式计算费用，发包人提供的材料应列入分部分项工程项目清单。

**3.2.6** 措施项目清单应依据施工方案以单价或总价计价方式确定费用，其中安全文明施工措施项目应按国家或省级、行业建设主管部门的规定确定费用。

**3.2.7** 其他项目清单应按照工程要求以单价或总价计价方式确定费用。

**3.2.8** 税金应按政府有关主管部门的规定计算费用。

**3.2.9** 钢结构工程量应按设计图计算，且应符合下列规定：

    **1** 工程数量的有效位数应遵守下列规定：以吨（t）为单位的应保留小数点后三位数字，第四位四舍五入取舍；以立方米（m³）、平方米（m²）、米（m）为单位的应保留小数点后两位数字，第三位四舍五入取舍；以"个""项"等为单位的应取整数。计算时，应根据工程量清单列出的每个单项（如钢柱、钢梁等钢构件）分项计算，汇总时，应根据构件的种类、厚度、材质等分类统计。

    **2** 钢结构工程量清单项目设置及工程量计算规则可按表 3.2.9-1～表 3.2.9-15 确定。

表 3.2.9-1　钢网架（壳）工程量计算规则

| 序号 | 项目编码 | 项目名称 | 项目特征 | 计量单位 | 工程量计算规则 | 工作内容 |
|---|---|---|---|---|---|---|
| 1 | 010601001 | 钢网架 | 1. 钢材品种、规格；<br>2. 网架节点形式、连接方式；<br>3. 网架跨度、安装高度；<br>4. 探伤要求；<br>5. 防火要求 | t | 按设计图示尺寸以质量计算。不扣除孔眼的质量，焊条、铆钉等不另增加质量 | 1. 拼装；<br>2. 安装；<br>3. 探伤；<br>4. 补刷油漆 |

| 序号 | 项目编码 | 项目名称 | 项目特征 | 计量单位 | 工程量计算规则 | 工作内容 |
|------|----------|----------|----------|----------|----------------|----------|
| 2 | —* | 钢网壳 | 1. 钢材品种、规格；<br>2. 钢网壳节点形式、连接方式；<br>3. 钢网壳跨度、安装高度；<br>4. 探伤要求；<br>5. 防火要求 | t | 按设计图示尺寸以质量计算。不扣除孔眼的质量，焊条、铆钉等不另增加质量 | 1. 拼装；<br>2. 安装；<br>3. 探伤；<br>4. 补刷油漆 |

注：* 有项目编码的项目由《房屋建筑与装饰工程工程量计算规范》GB 50854 确定，无项目编码的项目在该规范中未列明，为自行增加的项目。以下表格同。

**表 3.2.9-2　钢屋架、钢托架、钢桁架、钢架桥工程量计算规则**

| 序号 | 项目编码 | 项目名称 | 项目特征 | 计量单位 | 工程量计算规则 | 工作内容 |
|------|----------|----------|----------|----------|----------------|----------|
| 1 | 010602001 | 钢屋架 | 1. 钢材品种、规格；<br>2. 单榀质量；<br>3. 屋架跨度、安装高度；<br>4. 螺栓种类；<br>5. 探伤要求；<br>6. 防火要求 | 1. 榀；<br>2. t | 1. 以榀计量，按设计图示数量计算；<br>2. 以 t 计量，按设计图示尺寸以质量计算。不扣除孔眼的质量，焊条、铆钉、螺栓等不另增加质量 | 1. 拼装；<br>2. 安装；<br>3. 探伤；<br>4. 补刷油漆 |
| 2 | 010602002 | 钢托架 | 1. 钢材品种、规格；<br>2. 单榀质量；<br>3. 安装高度；<br>4. 螺栓种类；<br>5. 探伤要求；<br>6. 防火要求 | t | 按设计图示尺寸以质量计算。不扣除孔眼的质量，焊条、铆钉、螺栓等不另增加质量 | 1. 拼装；<br>2. 安装；<br>3. 探伤；<br>4. 补刷油漆 |
| | 010602003 | 钢桁架 | | | | |
| 3 | 010602004 | 钢架桥 | 1. 桥类型；<br>2. 钢材品种、规格；<br>3. 单榀质量；<br>4. 安装高度；<br>5. 螺栓种类；<br>6. 探伤要求 | | | |

注：以榀计量，按标准图设计的应注明标准图代号，按非标准图设计的项目特征必须描述单榀构件的质量。

表 3.2.9-3　钢柱工程量计算规则

| 序号 | 项目编码 | 项目名称 | 项目特征 | 计量单位 | 工程量计算规则 | 工作内容 |
|---|---|---|---|---|---|---|
| 1 | 010603001 | 实腹钢柱 | 1. 柱类型；<br>2. 钢材品种、规格；<br>3. 单根柱质量；<br>4. 螺栓种类；<br>5. 探伤要求；<br>6. 防火要求 | t | 按设计图示尺寸以质量计算。不扣除孔眼的质量，焊条、铆钉、螺栓等不另增加质量，依附在钢柱上的牛腿及悬臂梁等并入钢柱工程量内 | 1. 拼装；<br>2. 安装；<br>3. 探伤；<br>4. 补刷油漆 |
| 2 | 010603002 | 空腹钢柱 | | | | |
| 3 | 010603003 | 钢管柱 | 1. 钢材品种、规格；<br>2. 单根柱质量；<br>3. 螺栓种类；<br>4. 探伤要求；<br>5. 防火要求 | | 按设计图示尺寸以质量计算。不扣除孔眼的质量，焊条、铆钉、螺栓等不另增加质量，钢管柱上的节点板、加强环、内衬管、牛腿等并入钢管柱工程量内 | |

注：1. 实腹钢柱类型指十字、T、L、H 形等。
　　2. 空腹钢柱类型指箱形、格构式等。
　　3. 高层金属构件中的劲性钢柱、非劲性钢柱，按本表相应项目列项，并在项目特征中予以描述。
　　4. 大跨度金属构件中的钢柱，按本表相应项目列项，并在项目特征中予以描述。

表 3.2.9-4　钢梁工程量计算规则

| 序号 | 项目编码 | 项目名称 | 项目特征 | 计量单位 | 工程量计算规则 | 工作内容 |
|---|---|---|---|---|---|---|
| 1 | 010604001 | 钢梁 | 1. 梁类型；<br>2. 钢材品种、规格；<br>3. 单根质量；<br>4. 螺栓种类；<br>5. 安装高度；<br>6. 探伤要求；<br>7. 防火要求 | t | 按设计图示尺寸以质量计算。不扣除孔眼的质量，焊条、铆钉、螺栓等不另增加质量，制动梁、制动板、制动桁架、车挡并入钢吊车梁工程量内 | 1. 拼装；<br>2. 安装；<br>3. 探伤；<br>4. 补刷油漆 |

| 序号 | 项目编码 | 项目名称 | 项目特征 | 计量单位 | 工程量计算规则 | 工作内容 |
|---|---|---|---|---|---|---|
| 2 | 010604002 | 钢吊车梁 | 1. 钢材品种、规格；<br>2. 单根质量；<br>3. 螺栓种类；<br>4. 安装高度；<br>5. 探伤要求；<br>6. 防火要求 | t | 按设计图示尺寸以质量计算。不扣除孔眼的质量，焊条、铆钉、螺栓等不另增加质量，制动梁、制动板、制动桁架、车挡并入钢吊车梁工程量内 | 1. 拼装；<br>2. 安装；<br>3. 探伤；<br>4. 补刷油漆 |

注：1. 梁类型指 H、L、T 形，箱形、格构式等。
　　2. 高层金属构件中的劲性钢梁、非劲性钢梁，按本表相应项目列项，并在项目特征中予以描述。
　　3. 大跨度金属构件中的钢梁，按本表相应项目列项，并在项目特征中予以描述。

### 表 3.2.9-5　钢板楼板、墙板工程量计算规则

| 序号 | 项目编码 | 项目名称 | 项目特征 | 计量单位 | 工程量计算规则 | 工作内容 |
|---|---|---|---|---|---|---|
| 1 | 010605001 | 钢板楼板 | 1. 钢材品种、规格；<br>2. 钢板厚度；<br>3. 螺栓种类；<br>4. 防火要求 | m² | 按设计图示尺寸以铺设水平投影面积计算。不扣除单个面积≤0.3m²柱、垛及孔洞所占面积 | 1. 拼装；<br>2. 安装；<br>3. 探伤；<br>4. 补刷油漆 |
| 2 | 010605002 | 钢板墙板 | 1. 钢材品种、规格；<br>2. 钢板厚度、复合板厚度；<br>3. 螺栓种类；<br>4. 复合板夹芯材料种类、层数、型号、规格；<br>5. 防火要求 | | 按设计图示尺寸以铺挂展开面积计算。不扣除单个面积≤0.3m²的梁、孔洞所占面积，包角、包边、窗台泛水等不另加面积 | |

注：压型钢楼板按本表中钢板楼板项目编码列项。

表 3.2.9-6　其他钢构件工程量计算规则

| 序号 | 项目编码 | 项目名称 | 项目特征 | 计量单位 | 工程量计算规则 | 工作内容 |
|---|---|---|---|---|---|---|
| 1 | 010606001 | 钢支撑、钢拉条 | 1. 钢材品种、规格；<br>2. 构件类型；<br>3. 安装高度；<br>4. 螺栓种类；<br>5. 探伤要求；<br>6. 防火要求 | t | 按设计图示尺寸以质量计算，不扣除孔眼的质量，焊条、铆钉、螺栓等不另增加质量 | 1. 拼装；<br>2. 安装；<br>3. 探伤；<br>4. 补刷油漆 |
| 2 | 010606002 | 钢檩条 | 1. 钢材品种、规格；<br>2. 构件类型；<br>3. 单根质量；<br>4. 安装高度；<br>5. 螺栓种类；<br>6. 探伤要求；<br>7. 防火要求 | | | |
| 3 | 010606003 | 钢天窗架 | 1. 钢材品种、规格；<br>2. 单榀质量；<br>3. 安装高度；<br>4. 螺栓种类；<br>5. 探伤要求；<br>6. 防火要求 | | | |
| 4 | 010606004 | 钢挡风架 | 1. 钢材品种、规格；<br>2. 单榀质量；<br>3. 螺栓种类；<br>4. 探伤要求；<br>5. 防火要求 | | | |
| 5 | 010606005 | 钢墙架 | | | | |
| 6 | 010606006 | 钢平台 | 1. 钢材品种、规格；<br>2. 螺栓种类；<br>3. 防火要求 | | | |
| 7 | 010606007 | 钢走道 | | | | |
| 8 | 010606008 | 钢梯 | 1. 钢材品种、规格；<br>2. 钢梯形式；<br>3. 螺栓种类；<br>4. 防火要求 | | | |
| 9 | 010606009 | 钢护栏 | 1. 钢材品种、规格；<br>2. 防火要求 | | | |

| 序号 | 项目编码 | 项目名称 | 项目特征 | 计量单位 | 工程量计算规则 | 工作内容 |
|---|---|---|---|---|---|---|
| 10 | 010606010 | 钢漏斗 | 1. 钢材品种、规格；<br>2. 漏斗、天沟形式；<br>3. 安装高度；<br>4. 探伤要求 | t | 按设计图示尺寸以质量计算，不扣除孔眼的质量，焊条、铆钉、螺栓等不另增加质量，依附漏斗或天沟的型钢并入漏斗或天沟工程内 | 1. 拼装；<br>2. 安装；<br>3. 探伤；<br>4. 补刷油漆 |
| 11 | 010606011 | 钢板天沟 | | | | |
| 12 | 010606012 | 钢支架 | 1. 钢材品种、规格；<br>2. 安装高度；<br>3. 防火要求 | | 按设计图示尺寸以质量计算，不扣除孔眼的质量，焊条、铆钉、螺栓等不另增加质量 | |
| 13 | 010606013 | 零星钢构件 | 1. 构件名称；<br>2. 钢材品种、规格 | | | |

注：1. 钢墙架项目包括墙架柱、墙架梁和连接杆件。
　　2. 钢支撑、钢拉条类型指型式、复式；钢檩条类型指型钢式、格构式；钢漏斗形式指方形、圆形；天沟形式指矩形或半圆形。
　　3. 加工铁件等小型构件，按本表中零星钢构件项目编码列项。
　　4. 高层金属构件中的钢支撑、钢桁架，按本表相应项目列项，并在项目特征中予以描述。高层金属构件中的钢桁架类型是指钢桁架、管桁架。
　　5. 大跨度金属构件中的钢支撑、空间钢桁架、钢檩条按本表相应项目列项，并在项目特征中予以描述。

**表 3.2.9-7　金属制品工程量计算规则**

| 序号 | 项目编码 | 项目名称 | 项目特征 | 计量单位 | 工程量计算规则 | 工作内容 |
|---|---|---|---|---|---|---|
| 1 | 010607002 | 成品栅栏 | 1. 材料品种、规格；<br>2. 边框及立柱型钢品种、规格 | m² | 按设计图示尺寸以框外围展开面积计算 | 1. 安装；<br>2. 校正；<br>3. 预埋铁件；<br>4. 安螺栓及金属立柱 |
| 2 | 010607003 | 成品雨篷 | 1. 材料品种、规格；<br>2. 雨篷宽度；<br>3. 晾衣杆品种、规格 | 1. m<br>2. m² | 1. 以 m 计量，按设计图示接触边以米计算；<br>2. 以 m² 计量，按设计图示尺寸以展开面积计算 | 1. 安装；<br>2. 校正；<br>3. 预埋铁件及安螺栓 |

| 序号 | 项目编码 | 项目名称 | 项目特征 | 计量单位 | 工程量计算规则 | 工作内容 |
|---|---|---|---|---|---|---|
| 3 | 010607004 | 金属网栏 | 1. 材料品种、规格；<br>2. 边框及立柱型钢品种、规格 | m² | 按设计图示尺寸以框外围展开面积计算 | 1. 安装；<br>2. 校正；<br>3. 安螺栓及金属立柱 |

### 表 3.2.9-8　屋面工程量计算规则

| 序号 | 项目编码 | 项目名称 | 项目特征 | 计量单位 | 工程量计算规则 | 工作内容 |
|---|---|---|---|---|---|---|
| 1 | 010901002 | 型材屋面 | 1. 型材品种、规格；<br>2. 金属檩条材料品种、规格；<br>3. 接缝、嵌缝材料种类 | m² | 按设计图示尺寸以斜面积计算；不扣除房上烟囱、风帽底座、风道、小气窗、斜沟等所占面积。小气窗的出檐部分不增加面积 | 1. 檩条制作、运输、安装；<br>2. 屋面型材安装；<br>3. 接缝、嵌缝 |
| 2 | 010901005 | 膜结构屋面 | 1. 膜布品种、规格；<br>2. 支柱（网架）钢材品种、规格；<br>3. 钢丝绳品种、规格；<br>4. 锚固基座做法；<br>5. 油漆品种、刷漆遍数 | m² | 按设计图示尺寸以需要覆盖的水平投影面积计算 | 1. 膜布热压胶接；<br>2. 支柱（网架）制作、安装；<br>3. 膜布安装；<br>4. 穿钢丝绳、锚头锚固；<br>5. 锚固基座、挖土、回填；<br>6. 刷防护材料、油漆 |
| 3 | 010902007 | 屋面天沟、檐沟 | 1. 材料品种、规格；<br>2. 接缝、嵌缝材料种类 | m² | 按设计图示尺寸以展开面积计算 | 1. 天沟材料铺设；<br>2. 天沟配件安装；<br>3. 接缝、嵌缝；<br>4. 刷防护材料 |

表 3.2.9-9　螺栓与预埋件工程量计算规则

| 序号 | 项目编码 | 项目名称 | 项目特征 | 计量单位 | 工程量计算规则 | 工作内容 |
|---|---|---|---|---|---|---|
| 1 | 010516001 | 螺栓 | 1. 螺栓种类；<br>2. 规格 | t | 按设计图示尺寸以质量计算 | 1. 螺栓、铁件制作、运输；<br>2. 螺栓、铁件安装 |
| 2 | 010516002 | 预埋铁件 | 1. 钢材种类；<br>2. 规格；<br>3. 铁件尺寸 | | | |
| 3 | 010516003 | 机械连接 | 1. 连接方式；<br>2. 螺纹套筒种类；<br>3. 规格 | 个 | 按数量计算 | 1. 钢筋套丝；<br>2. 套筒连接 |
| 4 | — | 高强度螺栓 | 1. 螺栓种类；<br>2. 规格；<br>3. 表面处理 | 个 | 按数量计算 | 1. 螺栓运输；<br>2. 螺栓安装 |

注：编制工程量清单时，如果设计未明确，其工程数量可为暂估量，实际工程量按现场签证数量计算。

表 3.2.9-10　钢结构连接轴工程量计算规则

| 序号 | 项目编码 | 项目名称 | 项目特征 | 计量单位 | 工程量计算规则 | 工作内容 |
|---|---|---|---|---|---|---|
| 1 | — | 销轴 | 1. 材质、型号、规格；<br>2. 直径、长度 | 套 | 按设计图示数量计算 | 1. 成品购置、运输；<br>2. 安装；<br>3. 深化设计 |
| 2 | — | 关节轴承 | 1. 材质、型号、规格（包括轴承压盖、销轴盖板、定位套、轴承内圈、外圈等）；<br>2. 螺栓种类；<br>3. 承载力要求；<br>4. 防腐、防火要求；<br>5. 使用部位 | 套 | 按设计图示数量计算 | 1. 成品购置、运输；<br>2. 安装；<br>3. 刷防护材料、油漆；<br>4. 深化设计 |

**表 3.2.9-11　钢结构功能件工程量计算规则**

| 序号 | 项目编码 | 项目名称 | 项目特征 | 计量单位 | 工程量计算规则 | 工作内容 |
|---|---|---|---|---|---|---|
| 1 | — | 钢结构支座、球形支座 | 1. 材质、型号、规格；<br>2. 承载力要求；<br>3. 防腐、防火要求；<br>4. 使用部位 | 个 | 按设计图示数量计算 | 1. 成品购置、运输；<br>2. 安装；<br>3. 刷防护材料、油漆；<br>4. 深化设计 |
| 2 | — | 屈曲约束支撑 | 1. 材质、型号、规格（包括长度、等效截面积要求等）；<br>2. 表面处理要求；<br>3. 防腐、防火要求；<br>4. 使用年限；<br>5. 焊缝质量要求 | 根 | 按设计图示数量计算 | 1. 成品购置、运输；<br>2. 安装；<br>3. 深化设计 |
| 3 | — | 阻尼器 | 1. 材质、型号、规格（包括 TMD 质量、频率、阻尼系数、刚度系数等）；<br>2. 防腐、防火要求；<br>3. 使用部位 | 套 | 按设计图示数量计算 | 1. 成品购置、运输；<br>2. 安装；<br>3. 深化设计 |

**表 3.2.9-12　铸件与锻件工程量计算规则**

| 序号 | 项目编码 | 项目名称 | 项目特征 | 计量单位 | 工程量计算规则 | 工作内容 |
|---|---|---|---|---|---|---|
| 1 | — | 铸件与锻件 | 1. 材质、型号、规格；<br>2. 防腐、防火要求；<br>3. 相关试验、检测要求 | t | 按设计图示尺寸以质量计算 | 1. 购置、运输；<br>2. 安装；<br>3. 探伤；<br>4. 补刷油漆；<br>5. 相关试验、检测 |

## 表 3.2.9-13  索工程量计算规则

| 序号 | 项目编码 | 项目名称 | 项目特征 | 计量单位 | 工程量计算规则 | 工作内容 |
|---|---|---|---|---|---|---|
| 1 | — | 索 | 1. 材质、型号、规格（包括高强钢丝束、索体、索头、销轴、拉环索、锚具、夹具等）；<br>2. 直径要求；<br>3. 抗拉强度要求；<br>4. 防护方式 | t | 按设计图示尺寸以质量计算 | 1. 购置、运输<br>2. 拉索安装；<br>3. 张拉、索力调整、锚固；<br>4. 防护壳制作、安装；<br>5. 涂装 |
| 2 | — | 索夹 | 1. 材质、型号、规格；<br>2. 螺栓种类；<br>3. 防腐、防火要求 | 套 | 按设计图示数量计算 | 1. 拼装；<br>2. 安装；<br>3. 探伤；<br>4. 补刷油漆 |

## 表 3.2.9-14  拉杆工程量计算规则

| 序号 | 项目编码 | 项目名称 | 项目特征 | 计量单位 | 工程量计算规则 | 工作内容 |
|---|---|---|---|---|---|---|
| 1 | — | 拉杆 | 1. 材质、型号、规格（包括长度、等效截面积要求等）；<br>2. 表面处理要求；<br>3. 防腐、防火要求；<br>4. 使用年限；<br>5. 焊缝质量要求 | 根 | 按设计图示数量计算 | 1. 成品购置、运输；<br>2. 安装；<br>3. 深化设计 |

## 表 3.2.9-15  钢结构涂装工程量计算规则

| 序号 | 项目编码 | 项目名称 | 项目特征 | 计量单位 | 工程量计算规则 | 工作内容 |
|---|---|---|---|---|---|---|
| 1 | 011405001 | 金属面涂料 | 1. 构件名称；<br>2. 腻子种类；<br>3. 刮腻子要求；<br>4. 防护材料种类；<br>5. 油漆品种、刷漆遍数 | m² | 以 m² 计量，按设计展开面积计算 | 1. 基层清理；<br>2. 刮腻子；<br>3. 刷防护材料、涂料 |

18

续表 3.2.9-15

| 序号 | 项目编码 | 项目名称 | 项目特征 | 计量单位 | 工程量计算规则 | 工作内容 |
|---|---|---|---|---|---|---|
| 2 | 011407005 | 金属构件刷防火涂料 | 1. 喷刷防火涂料构件名称；<br>2. 防火等级要求；<br>3. 涂料品种、喷刷遍数 | m² | 以 m² 计量，按设计展开面积计算 | 1. 基层清理；<br>2. 刷防护材料、油漆 |

注：油漆为涂料的一种类型，现钢结构中金属面涂装描述主要以涂料为主。

**3.2.10** 钢结构工程量清单计价应考虑下列因素：

**1** 钢结构工程量计算宜以构件重量为单项进行计算，构件重量包括构件本体重量和节点重量。计算时，应根据工程量清单列出的每个单项（如钢柱、钢梁等钢构件）分项计算，汇总时，应根据构件的厚度、材质分类统计。

**2** 钢结构工程约定为单价合同时，当工程量清单缺陷引起工程量增减或因工程变更引起工程量增减时，可按承包人在履行合同义务中实际完成的工程量计算。

**3** 钢结构工程约定总价合同时，除工程变更以外，各项目的工程量应为承包人用于结算的最终工程量。工程量清单缺陷引起工程量增减的，工程量应不再调整；工程变更引起工程量增减的，应按承包人完成的工程变更的实际工程量确定。

**4** 钢结构工程计价可采用综合单价法，分部分项工程项目、单价计价的措施项目的综合单价应根据招标文件和招标工程量清单项目中的特征描述确定。

**5** 钢结构工程措施项目清单应根据施工方案确定单价或总价，其中安全文明施工措施项目应按照国家或省级、行业建设主管部门的规定确定。

## 3.3 钢结构计价风险

**3.3.1** 建设工程施工发承包计价时应在招标文件、合同中明确计量计价中的风险内容及其范围，不得采用无限风险、所有风险或类似语句约定计量计价中的风险内容及范围。

**3.3.2** 下列事项引起的计量计价风险应由发包人承担，发包人应及时调整相应的合同价格和工期：

    **1** 法律法规与政策发生变化；

    **2** 发包人提供的工程项目原始数据和基准资料错误；

    **3** 发包人提出的工程变更；

    **4** 超过发承包双方约定范围和波动幅度的市场物价变动和汇率波动；

    **5** 因发包人未履行公平、诚信义务而产生的费用；

    **6** 其他应当由发包人承担责任的事项。

# 第4章 钢结构设计计价

## 4.1 一般规定

**4.1.1** 钢结构设计服务计价应体现优质优价的原则，应保证钢结构设计服务计价的公正性、客观性和合理性。

**4.1.2** 钢结构设计中采用的新技术、新工艺、新设备、新材料或其他科技成果，当有利于提高建设项目经济效益或环境效益、社会效益时，应适当上浮计费额。

## 4.2 钢结构设计

**4.2.1** 钢结构设计服务内容包括设计基本服务与设计其他服务。

**4.2.2** 钢结构设计服务计费应根据发包人委托的内容和要求所提供的设计基本服务与设计其他服务计取费用。设计服务计费 $C_t$ 应按照下列公式计算：

$$C_t = C_b + C_o \qquad (4.2.2)$$

其中，$C_b$ 为设计基本计费；$C_o$ 为设计其他服务计费。

**4.2.3** 设计服务费可采用投资费率方式计费，也可在部分项目上以投资费率为参照，采用单位建筑面积方式计费或以工日定额方式计费，具体由发包人与设计人协商确定。

**4.2.4** 采用投资费率方式计费时，钢结构设计服务的"计费额"可先按照批准的项目建议书或可行性研究报告投资估算中钢结构工程费用计取，无投资估算的，可参照当地同期同类同规模工程项目的钢结构工程费用计取。按估算"计费额"计取的设计费为暂估设计计费，最终以初步设计概算中的实际"计费额"为依据确定计费。

**4.2.5** 钢结构工程设计计价应考虑工程设计复杂程度对设计成本的影响，复杂程度越大，成本越高。工程设计复杂程度可参照

表 4.2.5 确定。

表 4.2.5　工程设计复杂程度

| 复杂程度 | 工程设计条件 |
|---|---|
| 简单 | 1. 单体建筑面积小于 5000m² 的小型公共建筑钢结构工程；；<br>2. 建筑高度小于 24m 的公共建筑钢结构工程；；<br>3. 单体面积小于 5000m² 的小型仓储物流类建筑钢结构工程 |
| 一般 | 1. 单体建筑面积大于 5000m²，且小于 20000m² 的中型公共建筑钢结构工程；；<br>2. 建筑高度小于 27m 的一般标准居住建筑钢结构工程；；<br>3. 建筑高度大于 24m，且小于 50m 的公共建筑钢结构工程；；<br>4. 单体面积大于 5000m² 的小型仓储物流类建筑钢结构工程 |
| 复杂 | 1. 功能和技术要求复杂的中小型公共建筑钢结构工程；；<br>2. 建筑高度大于 27m，且小于 100m 的居住建筑钢结构工程，或 27m 以下高标准的居住建筑钢结构工程；；<br>3. 单体建筑面积大于 20000m² 的大型公共建筑钢结构工程；；<br>4. 建筑高度大于 50m，且小于 100m 的公共建筑钢结构工程；；<br>5. 跨度小于 60m 的索结构工程 |
| 特别复杂 | 1. 功能和技术要求特别复杂的公共建筑钢结构工程；；<br>2. 建筑高度大于 100m 的居住或公共建筑钢结构工程；；<br>3. 单体建筑面积大于 80000m² 的超大型公共建筑钢结构工程；；<br>4. 工艺复杂或 1000 床以上的医疗建筑钢结构工程；1600 座以上剧院或包含两个及以上不同类型观演厅的综合文化建筑钢结构工程；50000m² 以上会议中心、航站楼、客运站；6000 座以上体育馆；30000 座以上体育场；超过五星级标准的酒店或度假村等公共建筑钢结构工程；国际性活动的大型公共建筑钢结构工程；；<br>5. 仿古建筑、宗教建筑、古建筑和保护性建筑钢结构工程；；<br>6. 抗震设防有特殊要求的建筑钢结构工程（如减震、隔震工程）；；<br>7. 结构超限的建筑钢结构工程；；<br>8. 跨度大于 60m 的索结构工程 |

**4.2.6** 当需要提供钢结构设计的其他服务时，应根据服务内容进行计价。服务内容可参照表 4.2.6 确定。

表 4.2.6 钢结构设计其他服务

| 序号 | 服务内容 | 备注 |
|---|---|---|
| 1 | 应用 BIM 技术 | 根据 BIM 设计深度、复杂程度和服务内容确定成本 |
| 2 | 采用预制装配式建筑设计 | |
| 3 | 编制钢结构施工招标技术文件 | |
| 4 | 编制工程量清单 | |
| 5 | 编制施工图预算 | |
| 6 | 建设过程技术顾问咨询 | |
| 7 | 编制竣工图 | |
| 8 | 驻场服务 | |

**4.2.7** 钢结构设计服务费支付方式宜按设计各阶段完成的工作量制定。

**4.2.8** 发包人提供境外设计人的设计文件，需要设计人按照国家标准规范审核并签署确认意见的，应按照实际发生的工作量，由发包人与设计人协商确定增加的审核确认费。

**4.2.9** 由于发包人原因造成设计工作较大返工、修改和增加工作量的，发包人应向设计人另外支付相应的设计服务费并应适当延长设计工期。

**4.2.10** 由于发包人原因，要求设计人在住房和城乡建设部颁布的《全国建筑设计周期定额（2016 版）》规定的周期内提前交付设计文件，设计人在确保设计质量与深度的前提下提前交付时，发包人应向设计人支付赶工费。

**4.2.11** 发包人因非设计人原因要求终止或解除合同，设计人未开始设计工作的，可不退还发包人已付的定金或发包人按合同约定向设计人支付违约金；已开始设计工作的，设计人完成工作量不足一半时，发包人应向设计人支付设计费总额的 50%，超过一半时，应支付全部设计费。

# 第5章 钢结构加工制作与运输计价

## 5.1 一 般 规 定

**5.1.1** 钢结构构件制作的主要工作与加工工序应包括：详图深化、排版、材料采购与复试、零件下料和钻孔、本体组立与焊接、零部件装配与焊接、预拼装、除锈与涂装、检测验收、包装、运输管理等。

**5.1.2** 钢结构构件加工制作与运输费用，宜根据不同的结构类型、构件形式及工艺进行计价，并应按其所需的工序进行调整。

## 5.2 详图设计及 BIM

**5.2.1** 钢结构施工详图设计应根据不同的结构类型、建筑体量、结构与构件复杂程度、项目工期等因素进行计价。

**5.2.2** 钢结构施工详图设计应包括下列内容：

    **1** 施工详图设计技术说明；

    **2** 构件布置图；

    **3** 构件的加工详图；

    **4** 零部件详图；

    **5** 节点详图；

    **6** 施工详图设计清单。

**5.2.3** 钢结构建筑信息模型（BIM）建模应根据结构类型、建筑体量、结构与构件复杂程度、模型深度、工作内容、应用阶段和交付成果、工期等要求进行计价，并宜考虑不同软件的费用差异，且宜符合下列要求：

    **1** 模型深度不同时，可将 BIM 分为表 5.2.3-1 的 LOD 100～LOD 500 五个等级，并可按不同模型深度要求确定成本。

表 5.2.3-1　BIM 模型深度成本对比

| 深度 | LOD 100 | LOD 200 | LOD 300 | LOD 400 | LOD 500 |
|------|---------|---------|---------|---------|---------|
| 成本 | 低 | 较低 | 中 | 较高 | 高 |

**2** BIM 可分为设计阶段模型、施工阶段模型、运维阶段模型，每个阶段的模型可根据不同工作内容及交付成果按照表 5.2.3-2进行计价。

表 5.2.3-2　BIM 设计内容分级与成本对比

| 阶段 | | 内容 | 深度 | 成本 |
|------|------|------|------|------|
| 设计 | 一级 | 建模、面积及构件统计 | LOD 100 | 低 |
| | 二级 | 建模、面积统计、冲突检测、辅助施工图设计、工程量统计 | LOD 200 | 较低 |
| | 三级 | 建模、性能分析、面积统计、冲突检测、辅助施工图设计、仿真漫游、工程量统计 | LOD 300 | 中 |
| 施工 | 一级 | 在施工图深化设计模型的基础上包括施工模拟及仿真漫游 | LOD 300 | 中 |
| | 二级 | 施工深化、冲突检测、施工模拟、仿真漫游、施工工程量统计 | LOD 400 | 较高 |
| | 三级 | 在施工图深化设计模型基础上进行深化，包括施工深化、冲突检测、施工模拟、仿真漫游、施工工程量统计，可以作为运维阶段的模型 | LOD 400 | 较高 |
| 运维 | 一级 | 楼层巡视 | LOD 300 | 中 |
| | 二级 | 根据竣工资料和现场实测调整施工模型成果，获得与现场安装实际一致的运维模型，包括运维仿真漫游 | LOD 400 | 较高 |
| | 三级 | 根据竣工资料和现场实测调整施工模型成果，获得与现场安装实际一致的运维模型，包括运维仿真漫游、3D 数据采集和集成、设备设施管理 | LOD 500 | 高 |

**5.2.4** 钢结构的结构类型、复杂程度可按下列规则确定：

**1** 钢结构的结构类型可分为单层及多层建筑钢结构、高层与高耸钢结构、大跨度与空间钢结构、厂房与仓储钢结构、市政桥梁钢结构以及其他钢结构，可参照表 5.2.4 确定不同类型结构的成本高低。

表 5.2.4 结构类型成本对比

| 结构类型 | 单层及多层建筑钢结构 | 厂房与仓储钢结构 | 高层与高耸钢结构 | 大跨度与空间钢结构 | 市政桥梁钢结构 | 其他钢结构 |
|---|---|---|---|---|---|---|
| 成本 | 一般 | 一般 | 中 | 高 | 较高 | 视具体结构形式确定 |

**2** 钢结构的复杂程度可分为结构形式复杂程度、构件复杂程度、节点复杂程度，成本高低宜根据复杂程度确定。

5.2.5 构件重量对深化设计成本的影响可参照表 5.2.5 确定。

表 5.2.5 构件重量对深化设计成本的影响

| 构件重量 | 小于 100kg/m | 100～200kg/m | 200（不含）～2000kg/m | >2000kg/m |
|---|---|---|---|---|
| 成本 | 高 | 较高 | 一般 | 较高 |

## 5.3 原 材 料

5.3.1 钢结构常用原材料应包括钢板、型钢及管材、铸钢件及锻钢件、拉索、拉杆、锚具、焊接材料、紧固标准件、球节点材料、压型金属板、膜结构材料、涂装材料及其他材料。

5.3.2 钢板计价，宜考虑下列影响因素：

**1** 材料类别：钢结构工程可选用的材料类别包括碳素结构钢、低合金高强度结构钢、铸钢、锻钢、不锈钢等，材料类别与成本对比可参见表 5.3.2-1。

表 5.3.2-1　钢结构材料类别与成本对比

| 钢材 | 适用性 | 成本 |
|---|---|---|
| 碳素结构钢 | 主要用于楼梯、花纹钢板等受力较小的次结构 | 低 |
| 低合金高强度结构钢 | 常规钢结构用材料 | 中 |
| 铸钢 | 一般用于难以焊接成型、有一定形状及尺寸要求的部件；晶粒度粗糙，金属密度略低，机械性较差 | 偏高 |
| 锻钢 | 一般用于复杂零件，具有更加均匀的结构、密度和强度 | 高 |
| 不锈钢 | 材料具有不锈、耐腐蚀性 | 高 |

**2** 钢板牌号：钢板牌号对应的内容应包括屈服强度、交货状态、质量等级、厚度方向性能、高性能要求，成本可参见表 5.3.2-2。

表 5.3.2-2　钢材强度、质量等级、交货状态成本对比

| 钢材强度 | Q235 | Q345、Q355 | Q390、Q420 | Q460、Q500、Q550、Q620、Q690 |
|---|---|---|---|---|
| 类别 | 一类 | 二类 | 三类 | 四类 |
| 交货状态 | 热轧、控轧、TMCP、正火、TMCP+回火 | | | |
| 质量等级 | A、B、C、D、E | | | |
| 成本 | 依次增加 | | | |

**3** 钢板厚度：厚度对材料价格的影响可参见表 5.3.2-3。

表 5.3.2-3　钢板厚度对材料价格的影响

| 钢材厚度 | ≤12mm | >12 且<40mm | ≥40mm |
|---|---|---|---|
| 成本 | 板厚越薄，价格越高 | 价格稳定 | 板厚越厚，价格越高 |

**4** 精度：按厚度可分为普通厚度精度（PT.A）和较高厚度精度（PT.B）；按不平度分为普通不平度精度（PF.A）和较高不平度精度（PF.B）。

**5** 边缘状态：包括切边（EC）、不切边（EM）。

**6** 其他特殊要求：如设计要求钢板不能拼接、正公差要求等。

**5.3.3** 型钢、管材计价，应考虑下列影响因素：

**1** 类型：型钢包含 H 型钢、角钢、槽钢、工字钢；管材包含圆管、方管、矩形管；

**2** 型钢、管材的牌号：屈服强度、交货状态、质量等级；

**3** 精度：按外径精度分为普通精度（PD．A）、较高精度（PD．B）、高精度（PD．C）；按壁厚精度分为普通精度（PT．A）、较高精度（PT．B）、高精度（PT．C）；按弯曲精度分为普通精度（PS．A）、较高精度（PS．B）、高精度（PS．C）；

**4** 特殊要求：如镀锌要求。

**5.3.4** 螺栓球节点计价，应考虑下列影响因素：

**1** 零件类型：螺栓球、锥头、封板、套筒、紧固螺钉、高强度螺栓；

**2** 交货状态：通常以热锻状态交货；

**3** 零配件含量：锥头、封板、套筒、紧固螺钉、高强度螺栓等零配件工程量占网架的含量；

**4** 其他要求：球节点下部有吊挂需求等。

**5.3.5** 钢结构用切割气体应包括乙炔、丙烷、丙烯和天然气等，成本对比可参见表 5.3.5。

表 5.3.5　钢结构切割气体成本对比

| 切割用气体 | 乙炔 | 天然气 | 丙烷 | 丙烯 |
|---|---|---|---|---|
| 成本 | 低 | 较低 | 中 | 高 |
| 说明 | 1. 其热值高，燃烧温度高，切割厚度大；<br>2. 回火概率高，使用风险大 | 1. 可管道传输；<br>2. 其热值较低，适合切割薄板材；<br>3. 厚板切割时需添加助燃剂 | 其热值接近乙炔一半，适合切割薄板和中厚板，厚板切割效率较低 | 其热值与乙炔相当，适合厚板切割 |

**5.3.6** 焊接材料计价，应考虑下列影响因素：

**1** 焊接材料的种类：手工焊接用焊条、自动焊或半自动焊用焊丝、埋弧焊用焊丝和焊剂、焊接切割用气体；

**2** 熔敷金属的最小抗拉强度；

**3** 药皮焊剂的性能（组成物）：造渣剂、脱氧剂、造气剂、稳弧剂、胶粘剂、合金化元素；

**4** 焊接切割用气体：氩、二氧化碳、氩-二氧化碳混合气体、工业氧、溶解乙炔、工业用环氧氯丙烷、工业燃气丙烯、工业燃气丙烷；

**5** 焊材成本对比可参见表 5.3.6-1，焊接气体成本对比可参见表 5.3.6-2。

表 5.3.6-1 钢结构焊材成本对比

| 焊材 | 焊条 | 实心焊丝 | 氩弧焊丝 | 药芯焊丝 | 埋弧焊丝与焊剂 | 电渣焊丝与焊剂 |
|------|------|----------|----------|----------|----------------|----------------|
| 成本 | 低 | 较低 | 中 | 中 | 较高 | 高 |
| 说明 | 1. 一般用于点焊、临时焊接；2. 手工焊接，效率低；3. 设备质量轻，易挪移 | 1. 钢结构常用零件焊接材料；2. 半自动焊接，效率较高 | 1. 用于氩弧焊；2. 一般用于薄壁结构焊接、单面焊、双面成型打底焊 | 1. 一般用于外观要求较高的结构的零件焊接；2. 工地焊接防风效果更好；3. 半自动焊接，效率较高 | 1. 一般用于本体焊缝填充；2. 自动焊接，效率高 | 1. 一般用于箱形结构的隔板的隐蔽焊缝；2. 自动焊接 |

表 5.3.6-2 钢结构焊接气体成本对比

| 焊接保护用气体 | 100%二氧化碳 | 氩气＋二氧化碳（氩气含量80%±5%） | 100%氩气 |
|----------------|--------------|-----------------------------------|----------|
| 成本 | 低 | 中 | 高 |
| 说明 | 1. 飞溅大；2. 焊缝成型较差；3. 熔深较深；4. 熔合性较好 | 1. 飞溅小；2. 焊缝成型美观；3. 保护效果较纯二氧化碳更好 | 用于氩弧焊的焊接 |

**5.3.7** 常规大气环境下的钢结构防腐涂料可分为底漆、中漆和面漆，成本对比可参见表 5.3.7-1～表 5.3.7-3。

表 5.3.7-1　底漆成本对比

| 类型 | 不含锌 | 富锌 | 金属层 |
|---|---|---|---|
| 成本 | 一般 | 中 | 高 |
| 说明 | 1. 适用于腐蚀环境较差、防腐年限短的建筑钢结构；<br>2. 防腐性能好；<br>3. 单位平方面积成本低；<br>4. 常规涂料一次成膜厚度可低可高；<br>5. 环氧涂料可以做成无溶剂，一次成膜厚度可以很高 | 1. 适用于腐蚀环境好、防腐年限长的建筑钢结构；<br>2. 防腐性能优异；<br>3. 单位平方面积成本高；<br>4. 体积固体含量提升有限，一次成膜厚度适中 | 1. 适用于腐蚀环境较好、防腐年限较长的建筑钢结构；<br>2. 防腐性能优异；<br>3. 单位平方面积成本较高；<br>4. 需要严格控制环境污染 |

表 5.3.7-2　中间漆成本对比

| 类型 | 中间漆（含云铁） |
|---|---|
| 成本 | 一般 |
| 说明 | 1. 适用于所有场合，起到加强屏蔽作用；<br>2. 防腐性能好；<br>3. 单位平方面积成本低；<br>4. 常规涂料一次成膜厚度较小；<br>5. 环氧涂料可以做成无溶剂，一次成膜厚度大 |

表 5.3.7-3 面漆成本对比

| 类型 | 其他 | 脂肪族聚氨酯 | 氟碳 | 聚硅氧烷 |
|---|---|---|---|---|
| 成本 | 一般 | 中 | 较高 | 高 |
| 说明 | 1. 适用于紫外线光照量低、防腐年限较短的建筑室外钢结构；<br>2. 耐老化、光泽度稍差；<br>3. 单位面积成本低；<br>4. 一次成膜厚度偏低 | 1. 适用于紫外线光照量适中、防腐年限长的建筑室外钢结构；<br>2. 耐老化、光泽度好；<br>3. 单位面积成本适中；<br>4. 常规产品一次成膜厚度适中。部分产品体积固体含量很高，一次成膜很高 | 1. 适用于紫外线光照量高、防腐年限长的建筑室外钢结构；<br>2. 耐老化、光泽度很好；<br>3. 单位面积成本高；<br>4. 体积固体含量提升有限，一次成膜厚度适中 | 1. 适用于紫外线光照量高、防腐年限长的建筑室外钢结构；<br>2. 耐老化、光泽度很好；<br>3. 单位面积成本较高；<br>4. 常规产品一次成膜厚度适中。但部分产品体积固体含量很高，一次成膜厚度很高 |

**5.3.8** 钢结构原材料价格尚应考虑下列影响因素：

**1** 运杂费、采购保管费；

**2** 材料税额及对应税率；

**3** 不同票制影响；

**4** 支付方式及资金成本；

**5** 材料品牌；

**6** 钢结构材料调差周期。

## 5.4 零件加工

**5.4.1** 板材下料可采用火焰切割、等离子切割、激光切割、机械剪切等方式，成本对比可参见表 5.4.1。

表 5.4.1　板材下料方法成本对比

| 下料方法 | 火焰切割 | 机械剪切 | 等离子切割 | 激光切割 |
|---|---|---|---|---|
| 成本 | 一般 | 一般 | 中 | 高 |
| 说明 | 1. 可多头同时切割，厚板切割效率高；<br>2. 限于碳钢与低合金钢切割；<br>3. 热影响区与热变形比较大，断面粗糙且多有挂渣；<br>4. 切缝较宽，需加放余量 | 1. 适用于 12mm 厚以下的直条板的下料；<br>2. 加工边部整齐、光滑，厚度与宽度变形小，公差一致性好，有剪切毛刺 | 1. 常用于薄板单头快速切割；<br>2. 切割边缘垂直度较差 | 1. 以单头切割为主；<br>2. 割缝窄、工件变形小、切割速度快；<br>3. 切割质量优于等离子 |

5.4.2　型材（含钢管）下料可采用火焰切割、机械切割、相贯切割等方式，成本对比可参见表 5.4.2。

表 5.4.2　型材下料方法成本对比

| 下料方法 | 火焰切割 | 机械切割 | 相贯切割 |
|---|---|---|---|
| 成本 | 一般 | 中 | 一般 |
| 说明 | 1. 限于碳钢与低合金钢切割；<br>2. 热影响区与热变形比较大，断面粗糙且多有挂渣；<br>3. 切缝较宽，需要一定的切割余量 | 1. 适用于平口切割；<br>2. 速度快；<br>3. 加工表面光洁度和尺寸精度较高；<br>4. 适合批量生产；<br>5. 无法切出相贯口 | 1. 通过三维绘图软件导出切割数据，对软件与设备的衔接及编程要求较高；<br>2. 设备的投入成本高；<br>3. 表面质量佳，适合批量生产 |

5.4.3　制孔方式有钻孔、冲孔、铣孔、铰孔、钻孔加火焰切割等方法，成本对比可参见表 5.4.3。

表 5.4.3 制孔工艺成本对比

| 加工工艺 | 冲孔 | 钻孔 | 钻孔加火焰切割 | 铣孔 | 铰孔 |
|---|---|---|---|---|---|
| 成本 | 一般 | 中 | 中 | 高 | 高 |
| 说明 | 1. 适合于较薄钢板制孔，冲孔状有圆形、椭圆形、矩形、梯形等；<br>2. 加工效率高，孔边缘通常会产生毛刺 | 适用于各类孔加工，特别是较厚钢板和较大直径孔加工 | 1. 可以用于加工长圆孔或孔径大于50mm的圆孔；<br>2. 加工完成后需打磨；<br>3. 适用于精度要求不高的孔 | 1. 适用于孔内表面有要求，孔径较大，且不能在车床装夹类孔加工；<br>2. 加工精度高、质量好，但效率低 | 1. 适用于孔加工精度要求较高类加工；<br>2. 加工效率低，成本高 |

注：制孔板厚较厚或孔径较大时，应增加制孔成本。

**5.4.4** 钢结构钻孔可采用磁力座钻、摇臂钻、数控平面钻、钢板加工中心等，成本对比可参见表5.4.4。

表 5.4.4 钻孔工艺成本对比

| 钻孔方法 | 磁力座钻 | 摇臂钻 | 数控平面钻 | 钢板加工中心 |
|---|---|---|---|---|
| 成本 | 一般 | 中 | 较高 | 高 |
| 说明 | 1. 使用方便，零件不需驳运；<br>2. 钻孔前需要孔位画线；<br>3. 钻制大孔和厚板效率较低 | 1. 适用性强、适用范围广；<br>2. 零件需要驳运至钻床位置；<br>3. 钻孔前需要孔位画线；<br>4. 钻制厚板和大孔以及相同零件叠钻效率高 | 1. 零件需要驳运至钻床位置；<br>2. 可以直接利用模型数据钻孔，精度和效率高 | 1. 可同时进行零件下料和钻孔；<br>2. 设备的投入成本较高 |

**5.4.5** 成型加工计价应考虑如下成本：

**1** 板件弯折成型工艺成本对比可参见表5.4.5-1。

表 5.4.5-1 板件弯折成型工艺成本对比

| 加工工艺 | 机械成型 | 机械和热加工联合成型 |
|---|---|---|
| 成本 | 一般 | 高 |
| 说明 | 1. 最小曲率半径应符合现行国家标准《钢结构工程施工质量验收标准》GB 50205 第 7.3.5 条规定；<br>2. 加工效率高；<br>3. 需要配合专用成型模具 | 1. 适用于各类板件的折弯、弯曲成型；<br>2. 首先对板件进行局部或整体加热，然后再进行机械成型，加工效率低，需要配合专用成型模具 |

**2** 钢板弯扭成型加工应考虑钢板规格、板厚、尺寸、弯扭复杂程度等的影响，成本对比可参见表5.4.5-2。

表 5.4.5-2 钢板弯扭成型加工工艺成本对比

| 加工工艺 | 冷弯成型 | 热弯成型 |
|---|---|---|
| | 液压机＋专用模具<br>（液压模压成型或无模成型） | 火焰加热＋专用工具＋胎架成型 |
| 成本 | 较高 | 高 |
| 说明 | 适用于中厚板钢板成型及曲率半径较大的钢板成型 | 适用于板厚较大、曲率半径较小的钢板成型 |

**3** 钢管卷制、压制加工成本对比可参见表5.4.5-3。

表 5.4.5-3 钢管卷制、压制工艺成本对比

| 钢管成型加工 | 压制 | 卷制（直缝） |
|---|---|---|
| 成本 | 一般 | 高 |
| 说明 | 1. 压制钢管可以是一条纵缝，也可以是两条或多条纵缝；<br>2. 压制钢管加工长度较长，一般应满足钢板材料长度；<br>3. 压制钢管与钢板的轧制方向一致 | 1. 卷制钢管可以是一条纵缝，也可以两条或多条纵缝；<br>2. 卷制钢管加工长度较短，根据设备长度确定；<br>3. 卷制钢管与钢板的轧制垂直 |

**4** 钢管弯弧工艺成本对比可参见表 5.4.5-4、表 5.4.5-5。

表 5.4.5-4　钢管弯弧工艺成本对比

| 钢管弯曲成型加工 | 火焰煨弯 | 冷弯 | 中（高）频热弯 |
|---|---|---|---|
| 成本 | 一般 | 中 | 高 |
| 说明 | 1. 常用的手工热加工方式；<br>2. 弯弧成型质量较差；<br>3. 仅适用于曲率半径较大的钢管 | 1. 采用手工或半自动的液压千斤顶类设备顶弯加工；<br>2. 适用于曲率半径中等的各类钢管弯曲加工；<br>3. 生产效率高，弯曲后钢管表面质量影响小 | 1. 钢管热弯利用是指中（高）频电流对钢管进行急剧加热，达到热加工温度后再进行弯曲；<br>2. 生产效率较低 |

表 5.4.5-5　钢管管径成本对比

| 钢管管径 | $\phi \leqslant 400$ | $400 < \phi \leqslant 800$ | $\phi > 800$ |
|---|---|---|---|
| 成本 | 高 | 中 | 高 |

注：1. 相同管径壁厚越大、弯曲半径越小，加工难度越大，加工成本越高。

2. 空间弯曲钢管工艺复杂、难度大，加工精度要求高，加工成本高。

**5.4.6**　摩擦面加工的摩擦面处理通常可采用喷砂（丸）、砂轮打磨等方式，成本对比可参见表 5.4.6。

表 5.4.6　摩擦面加工方法成本对比

| 加工工艺 | 喷砂（丸） | 砂轮打磨 |
|---|---|---|
| 成本 | 一般 | 高 |
| 说明 | 1. 适用于各种类型的构件；<br>2. 效果较好，质量容易得到保证；<br>3. 需要喷砂机设备，成本较高。可自动化作业，效率高 | 1. 适用于小型工程或已有建筑物加固改造工程；<br>2. 砂轮打磨最直接、最简便；<br>3. 加工效率较低 |

**5.4.7**　边缘加工可采用手工、半自动和机械加工，成本对比可参见表 5.4.7。

表 5.4.7　边缘加工工艺成本对比

| 加工工艺 | 半自动加工 | 机械加工 | 手工加工 |
|---|---|---|---|
| 成本 | 一般 | 中 | 高 |
| 说明 | 适合长、直钢板的加工，可用于厚板的加工，加工效率较高 | 适合规整的钢板加工，效率高，成型效果好 | 适用于弯扭等形式复杂的钢板的边缘加工，需打磨处理 |

**5.4.8** 零件的精加工，可采用刨、车、铣、镗等机械加工方式，成本对比可参见表 5.4.8。

表 5.4.8　精加工工艺成本对比

| 加工工艺 | 车床 | 刨床 | 铣床 | 镗床 |
|---|---|---|---|---|
| 成本 | 一般 | 中 | 较高 | 高 |
| 说明 | 一般用于外表面及内螺纹加工 | 一般用于弧面加工，如 J、U 形坡口的开设 | 一般用于铣平加工 | 一般用于超大孔的加工 |

## 5.5　钢　　柱

**5.5.1**　H 型钢柱制作计价应包括下列内容：

**1**　H 型钢柱可分为板制 H 型钢柱和热轧 H 型钢柱。板制 H 型钢柱的本体由两块翼缘板与一块腹板组成，如图 5.5.1 所示。

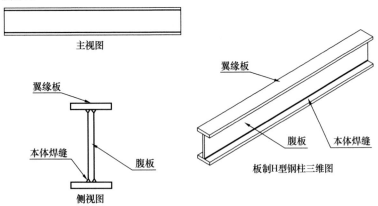

图 5.5.1　板制 H 型钢柱

**2** 板制 H 型钢柱的本体可采用 H 型钢组立机或在胎架上手工组立，成本对比可参见表 5.5.1-1。

表 5.5.1-1　本体组立方式成本对比

| 组立方式 | H 型钢组立机 | 手工组立 |
|---|---|---|
| 成本 | 一般 | 高 |
| 说明 | 1. 流水线作业，效率高；<br>2. 对截面有限制，适用于组装腹板 200 ～ 1800mm；翼缘板 150 ～ 800mm；板厚 6 ～ 40mm 的标准 H 型钢 | 1. 截面尺寸不限，可组装非标 H 型钢；需搭设组装胎架；<br>2. 加工效率较低 |

注：设计要求节点区域钢板加厚时，应考虑钢板对接费用。

**3** 板制 H 型钢柱的本体焊接，可采用专用龙门式埋弧焊机、轨道式或靠轮式小车埋弧焊机，也可采用半自动气保焊机手工焊接，成本对比可参见表 5.5.1-2～表 5.5.1-4。

表 5.5.1-2　板制 H 型钢柱本体焊接方法成本对比

| 本体焊接 | 自动埋弧焊<br>（龙门式、悬臂式） | 半自动埋弧焊<br>（小车） | 半自动气保焊 |
|---|---|---|---|
| 成本 | 一般 | 中 | 高 |
| 对比 | 1. 效率高、焊缝成型好；<br>2. 适用于长、直焊缝的焊接；<br>3. 可双头多丝焊接；<br>4. 效率高、焊缝成型好 | 1. 效率中等，焊缝成型好；<br>2. 适用于长、直焊缝的焊接；<br>3. 效率中等，焊缝成型好 | 1. 用于小截面或异形、弯曲的本体焊接；<br>2. 效率低，焊缝成型较差 |

表 5.5.1-3　焊缝类型成本对比

| 焊缝类型 | 角焊缝 | 部分熔透焊缝 | 全熔透焊缝 |
|---|---|---|---|
| 成本 | 一般 | 中 | 高 |

注：1. 要求角焊缝焊脚尺寸增大的，造价适当提高。
　　2. 要求焊缝磨平的，造价适当提高。

表 5.5.1-4  焊缝等级成本对比

| 焊缝等级 | 三级焊缝 | 二级焊缝 | 一级焊缝 |
|---|---|---|---|
| 成本 | 一般 | 较高 | 高 |

**4** 板制 H 型钢柱的本体矫正可采用 H 型钢翼缘矫正机矫正、火焰矫正、油压机矫正，成本对比可参见表 5.5.1-5。

表 5.5.1-5  板制 H 型钢柱本体矫正工艺成本对比

| 矫正工艺 | H 型钢翼缘矫正机 | 油压机 | 火焰 |
|---|---|---|---|
| 成本 | 一般 | 较高 | 高 |
| 说明 | 1. 流水线作业，效率高；<br>2. 适用于腹板高≤1800mm；<br>3. 翼缘板宽度 150～800mm；板厚≤40mm 的 H 型钢 | 1. 效率中等；<br>2. 适用于尺寸超出矫正机允许范围的 H 型钢；<br>3. 板厚>40mm；<br>4. 非常规 H 型钢；<br>5. 液压机需搭配专用胎架；<br>6. 矫正效率低，成本较高 | 效率低 |

**5** 板制 H 型钢柱零部件组装可采用人工组装或机械自动组装，成本对比可参见表 5.5.1-6、表 5.5.1-7。

表 5.5.1-6  板制 H 型钢柱零部件组装成本对比

| 零部件组装 | 人工组装 | 机械自动组装（机器人） |
|---|---|---|
| 成本 | 一般 | 高 |
| 说明 | 1. 可以适用于任何形式的零部件的组装；<br>2. 加工效率较低；<br>3. 工人素质对质量影响大 | 1. 对批量性构件效率高；<br>2. 设备投入成本高，加工设备的编程要求高；<br>3. 零部件需精加工；<br>4. 无法进行复杂零件的组装，通用性差 |

表 5.5.1-7  牛腿定位难度成本对比

| 牛腿定位形式 | 直角牛腿 | 斜角牛腿 | 空间牛腿 |
|---|---|---|---|
| 成本 | 一般 | 中 | 高 |

注：应综合考虑牛腿的截面形状、尺寸、数量等因素对造价的影响。

**6** H型钢柱上的零部件焊接可采用手工焊接或机器人焊接，成本对比可参见表5.5.1-8。

表5.5.1-8 **H型钢柱零部件焊接方法成本对比**

| 零部件焊接 | 手工焊接 | 机器人焊接 |
|---|---|---|
| 成本 | 一般 | 高 |
| 说明 | 1. 焊接位置灵活；<br>2. 不受结构形式限制；<br>3. 加工效率较低 | 1. 对软件与设备的衔接及编程要求较高；<br>2. 设备的投入成本高；<br>3. 对于批量性构件加工效率高；<br>4. 一般用于角焊缝焊接；<br>5. 零部件加工精度要求高；<br>6. 综合成本较高 |

**7** H型钢柱总长余量修割可采用手工火焰切割、半自动火焰切割、端面铣削等方式，成本对比可参见表5.5.1-9。

表5.5.1-9 **余量修割方法成本对比**

| 余量修正 | 手工火焰切割 | 半自动火焰切割 | 端面铣削 |
|---|---|---|---|
| 成本 | 一般 | 中 | 高 |
| 说明 | 1. 不受切割位置限制；<br>2. 切割质量差 | 1. 设备灵活；<br>2. 效率中等，切割质量较好 | 1. 设备位置相对固定；<br>2. 效率高，端面加工质量高 |

**8** 板制H型钢柱应根据不同的截面高度调整整体加工成本，成本对比可参见表5.5.1-10。

表5.5.1-10 **截面高度成本对比**

| 截面高度 | $H > 1000mm$ | $350 < H \leqslant 1000mm$ | $H \leqslant 350mm$ |
|---|---|---|---|
| 成本 | 较高 | 中 | 高 |

**9** 复杂截面 H 型钢柱加工工艺复杂，无法采用流水线生产及高效的焊接方法，可人工组装、手工焊接，计价时应考虑加工效率低、成本高的因素。

**5.5.2** 十字型钢柱计价应包括下列内容：

**1** 十字型钢柱的本体可由 H 型钢及两个 T 型钢组焊成型，如图 5.5.2 所示。

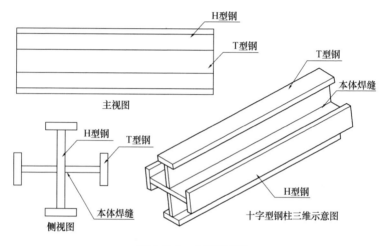

图 5.5.2 十字型钢柱

**2** 十字型钢柱可采用胎架和专用工具组立，成本可参照表 5.5.2-1。

表 5.5.2-1 组立方式成本

| 组立 | 胎架和专用工具 |
|------|------|
| 成本 | 高 |
| 说明 | 1. 截面尺寸可组装各种形式的十字型钢柱；<br>2. 需搭设组装胎架；<br>3. 无法进行流水线生产，加工效率较低 |

**3** 十字型钢柱本体焊接可采用自动埋弧焊、半自动埋弧焊，也可采用半自动气保焊，成本对比可见表 5.5.2-2。

表 5.5.2-2  本体焊接方法成本对比

| 本体焊接 | 自动埋弧焊（龙门式、悬臂式） | 半自动埋弧焊（小车） | 半自动气保焊 |
|---|---|---|---|
| 成本 | 一般 | 中 | 高 |
| 说明 | 1. 适用于长、直焊缝的焊接；<br>2. 可双头多丝焊接；<br>3. 效率高、焊缝成型好 | 1. 适用于长、直焊缝的焊接；<br>2. 效率中等，焊缝成型好 | 1. 用于小截面或异形、薄板、弯曲的本体焊接；<br>2. 效率低，焊缝成型较差 |

**4** 十字型钢柱可采取对构件进行局部加热矫正，成本可参见表5.5.2-3。

表 5.5.2-3  矫正成本

| 本体矫正 | 火焰矫正 |
|---|---|
| 成本 | 高 |
| 说明 | 1. H型钢及T型钢在组装前采用矫正机进行校正，十字型钢柱成型后一般采用火焰局部加热校正；<br>2. 适用于所有尺寸、所有板厚的十字型钢柱；<br>3. 矫正效率较低 |

**5** 十字型钢柱零部件的组装可采用人工组装或机械自动组装，成本对比可参见表5.5.2-4、表5.5.2-5。

表 5.5.2-4  零部件组装成本对比

| 零部件组装 | 人工组装 | 机械自动组装（机器人） |
|---|---|---|
| 成本 | 一般 | 高 |
| 说明 | 1. 可以适用于任何形式的零部件的组装；<br>2. 加工效率较低；<br>3. 工人素质对质量影响大 | 1. 对编程要求高；<br>2. 对批量性构件效率高；<br>3. 设备投入成本高。目前自动化组装技术不成熟，应用少；<br>4. 如采用机器人，综合成本高；<br>5. 零部件需精加工；<br>6. 无法进行复杂零件的组装，通用性差 |

表 5.5.2-5　牛腿定位难度成本对比

| 牛腿定位形式 | 直角牛腿 | 斜角牛腿 | 空间牛腿 |
|---|---|---|---|
| 成本 | 一般 | 中 | 高 |

注：应综合考虑牛腿的截面形状、尺寸、数量等因素对造价的影响。

**6** 十字型钢柱零部件的焊接可采用手工焊接或机器人焊接，成本对比可参见表 5.5.2-6。

表 5.5.2-6　零部件焊接成本对比

| 零部件焊接 | 手工焊接 | 机器人焊接 |
|---|---|---|
| 成本 | 一般 | 高 |
| 说明 | 1. 焊接位置灵活；<br>2. 不受结构形式限制；<br>3. 加工效率较低 | 1. 对软件与设备的衔接及编程要求较高；<br>2. 设备的投入成本高；<br>3. 对于批量性构件加工效率高；<br>4. 一般用于角焊缝焊接；<br>5. 零部件加工精度高；<br>6. 综合成本较高 |

**7** 十字型钢柱总长余量修割可采用火焰切割、端面铣削等方式，成本对比可参见表 5.5.2-7。

表 5.5.2-7　余量修割成本对比

| 余量修正 | 火焰切割 | 端面铣削 |
|---|---|---|
| 成本 | 一般 | 高 |
| 说明 | 1. 设备灵活，不受切割位置限制；<br>2. 加工效率高；可加工坡口；<br>3. 无法加工顶紧端；切割质量较差，需打磨；适合小批量生产 | 1. 顶紧端需采用端面铣削；<br>2. 设备位置相对固定；端面加工质量高；<br>3. 效率较低；无法加工坡口 |

**8** 十字型钢柱制作应考虑截面高度（$h$）对费用的影响，成本对比可参见表 5.5.2-8。

表 5.5.2-8　截面高度成本对比

| 截面高度 | $h>1000\text{mm}$ | $500<h\leqslant1000\text{mm}$ | $h\leqslant500\text{mm}$ |
|---|---|---|---|
| 成本 | 较高 | 中 | 高 |

**9** 复杂截面十字型钢柱结构复杂、组装焊接难度大，应适当提高加工造价。

**5.5.3** 箱型钢柱制作计价应包括下列内容：

**1** 箱型钢柱的本体是由两块翼缘板和两块腹板组成的矩形截面结构，如图 5.5.3 所示。

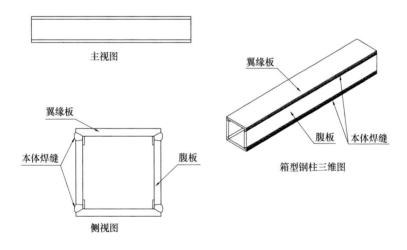

图 5.5.3　箱型钢柱

**2** 箱型钢柱可采用箱形自动生产线组立机或专用胎架进行组装，成本对比可参见表 5.5.3-1。

**3** 箱型钢柱焊接可采用自动埋弧焊、半自动埋弧焊，也可采用半自动气保焊，成本对比可参见表 5.5.3-2。

表 5.5.3-1 本体组立成本对比

| 组立方式 | 箱型组立机 | 专用胎架手工组立 |
|---|---|---|
| 成本 | 一般 | 高 |
| 说明 | 1. 适用于组装截面 300～1200mm、板厚 16～40mm 的标准箱型钢柱；<br>2. 流水线作业，效率高 | 1. 截面尺寸可组装非标、弧形箱型钢柱；<br>2. 需搭设组装胎架，加工效率较低 |

注：1. 箱型钢柱内隔板的组装，当内隔板 $h \leqslant 800mm$ 时，其与腹板两条焊缝采用电渣焊。

2. 当箱型钢柱相邻内隔板之间、柱端头到最近内隔板之间距离 $\geqslant 2000mm$ 时，需加设工艺隔板，应考虑工艺隔板工程量增加费。

3. 设计要求节点区域钢板加厚时，应考虑钢板对接费用。

表 5.5.3-2 本体焊接成本对比

| 本体焊接 | 自动埋弧焊（龙门式、悬臂式） | 半自动埋弧焊（小车） | 半自动气保焊 |
|---|---|---|---|
| 成本 | 一般 | 中 | 高 |
| 说明 | 1. 适用于流水线生产，长、直焊缝的焊接；<br>2. 可双头多丝焊接；<br>3. 效率高、焊缝成型好 | 1. 适用于长、直焊缝的焊接；<br>2. 效率中等，焊缝成型好 | 1. 适用于小截面、变截面、异形、弧形构件的本体焊接；<br>2. 效率低，焊缝成型较差 |

**4** 箱型钢柱可采用对构件进行局部加热矫正，成本可参见表 5.5.3-3。

表 5.5.3-3 矫正成本

| 本体矫正 | 火焰矫正 |
|---|---|
| 成本 | 高 |
| 说明 | 1. 箱型钢柱成型后一般采用火焰校正；<br>2. 适用于所有尺寸、所有板厚的箱型钢柱；<br>3. 矫正效率较低 |

**5** 箱型钢柱零部件的组装可采用人工组装或机械自动组装，成本对比可参见表 5.5.3-4、表 5.5.3-5。

表 5.5.3-4　零部件组装成本对比

| 零部件组装 | 人工组装 | 机械自动组装（机器人） |
|---|---|---|
| 成本 | 一般 | 高 |
| 说明 | 1. 可以适用于任何形式的零部件的组装；<br>2. 加工效率较低；<br>3. 工人素质对质量影响大 | 1. 对编程要求高；<br>2. 对批量性构件效率高；<br>3. 设备投入成本高，目前自动化组装技术不成熟，应用少；<br>4. 如采用机器人，综合成本高；<br>5. 零部件需精加工；<br>6. 无法进行复杂零件的组装，通用性差 |

表 5.5.3-5　牛腿定位难度成本对比

| 牛腿定位形式 | 直角牛腿 | 斜角牛腿 | 空间牛腿 |
|---|---|---|---|
| 成本 | 一般 | 中 | 高 |

注：应综合考虑牛腿的截面形状、尺寸、数量等因素对造价的影响。

**6** 箱型钢柱零部件的焊接可采用手工焊接或机器人焊接，成本对比可参见表 5.5.3-6。

表 5.5.3-6　零部件焊接成本对比

| 零部件焊接 | 手工焊接 | 机器人焊接 |
|---|---|---|
| 成本 | 一般 | 高 |
| 说明 | 1. 焊接位置灵活；<br>2. 不受结构形式限制；<br>3. 加工效率较低 | 1. 对软件与设备的衔接及编程要求较高；<br>2. 设备的投入成本高；<br>3. 对于批量性构件加工效率高；<br>4. 一般用于角焊缝焊接；<br>5. 零部件加工精度要求高；<br>6. 综合成本较高 |

**7** 箱型钢柱总长余量修割可采用火焰切割、端面铣削等方式，成本对比可参见表5.5.3-7。

表 5.5.3-7　余量修割成本对比

| 余量修正 | 火焰切割 | 端面铣削 |
|---|---|---|
| 成本 | 一般 | 高 |
| 说明 | 1. 设备灵活，不受切割位置限制；<br>2. 加工效率高；<br>3. 可加工坡口；<br>4. 无法加工顶紧端；<br>5. 切割质量较差，需打磨；<br>6. 适合小批量生产 | 1. 顶紧端需采用端面铣削；<br>2. 设备位置相对固定；<br>3. 端面加工质量高；<br>4. 效率较低；<br>5. 无法加工坡口 |

**8** 箱型钢柱应考虑截面高度对费用的影响，成本对比可参见表5.5.3-8。

表 5.5.3-8　截面高度成本对比

| 截面高度 | $h \leqslant 300mm$ | $300 < h \leqslant 1200mm$ | $h > 1200mm$ |
|---|---|---|---|
| 成本 | 高 | 一般 | 高 |

**9** 复杂截面箱型钢柱通常需要多次退装、手工焊接，加工制作的效率低，应根据加工难度适当提高造价。

**5.5.4** 圆钢管柱（锥管柱）制作计价应包括下列内容：

**1** 圆钢管柱的本体由圆管结构或锥管结构组成，如图5.5.4所示。在高层建筑结构中，通常采用锥管过渡圆管的方式，随着层高增加，圆管柱的截面逐渐减小。

**2** 圆管本体成型加工可采用压管、热轧无缝钢管和卷板机加工，其成本对比可参见表5.5.4-1。

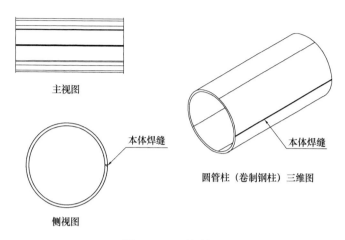

主视图

本体焊缝

圆管柱（卷制钢柱）三维图

本体焊缝

侧视图

图 5.5.4　圆钢管柱

表 5.5.4-1　圆管本体成型加工成本对比

| 成型加工 | UOE 压管 | 热轧钢管 | 卷管 | 油压机压管 |
|---|---|---|---|---|
| 成本 | 一般 | 中 | 较高 | 高 |
| 说明 | 1. 将预处理（刨边、坡口、预弯等）钢板，依次进入 U 形压力机和 O 形压力机制成管的方法；<br>2. 主要适用于直径为 508～1400mm，壁厚较薄的圆管；<br>3. 适合大批量自动化生产 | 1. 针对直径适用于（$D<508mm$），壁厚较薄的圆管；<br>2. 适合大批量自动化生产 | 1. 针对直径大、壁厚大的圆管通常采用卷板机卷制成型，操作过程包括端头预弯、卷圆和回圆等工序；工作效率较低，进料、出料需人工辅助；<br>2. 成型外观尺寸精度较低，对接焊缝较多；<br>3. 径厚比较小的圆管需要采用热卷进行加工 | 1. 适用于直径小、壁厚大的圆管；<br>2. 采用油压机多道压制成型；<br>3. 工作效率较低，进料、出料需人工辅助 |

**3** 压制成型的钢管需进行纵向对接，卷制成型的钢管受长度限制应增加环焊缝对接流程。钢管焊接可采用自动埋弧焊、半自动埋弧焊，也可采用半自动气保焊焊接，成本对比可参见表5.5.4-2。

表 5.5.4-2　本体焊接成本对比

| 本体焊接 | 自动埋弧焊（龙门式、悬臂式） | 半自动埋弧焊（小车） | 半自动气保焊 |
|---|---|---|---|
| 成本 | 一般 | 中 | 高 |
| 说明 | 1. 可双头多丝焊接；<br>2. 效率高、焊缝成型好 | 效率中等，焊缝成型好 | 1. 适用于直径较小的钢管的焊接；<br>2. 焊接效率低，焊缝成型较差 |

**4** 钢管本体可采用火焰、圆管精整机、钢管矫直机、卷管机进行矫正，成本对比可参见表5.5.4-3。

表 5.5.4-3　钢管本体矫正成本对比

| 成型加工 | 火焰矫正 | 圆管矫直机 | 圆管精整机 | 卷管机 |
|---|---|---|---|---|
| 成本 | 一般 | 中 | 中 | 高 |
| 说明 | 1. 用于局部的矫正；<br>2. 适用于所有尺寸的圆管，但效率较低 | 1. 用于改善钢管的直线度；<br>2. 自动化设备，效率较高；<br>3. 对圆管尺寸有一定限制 | 1. 用于改善钢管的不圆度；<br>2. 自动化设备，效率较高；<br>3. 对圆管尺寸有一定限制 | 1. 一般用于卷制圆管的焊后回圆工作；<br>2. 改善钢管的不圆度；<br>3. 需要人工辅助 |

**5** 圆钢管柱零部件的组装，可采用人工组装或机械自动组装，成本对比可参见表5.5.4-4～表5.5.4-6。

表 5.5.4-4　零部件组装成本对比

| 零部件组装 | 人工组装 | 机械自动组装（机器人） |
|---|---|---|
| 成本 | 一般 | 高 |
| 说明 | 1. 可以适用于任何形式的零部件的组装；<br>2. 加工效率较低；<br>3. 工人素质对质量影响大 | 1. 对编程要求高；<br>2. 对批量性构件效率高；<br>3. 设备投入成本高，目前自动化组装技术不成熟，应用少；<br>4. 如采用机器人，综合成本高；<br>5. 零部件需精加工；<br>6. 无法进行复杂零件的组装，通用性差 |

表 5.5.4-5　牛腿定位难度成本对比

| 牛腿定位形式 | 直角牛腿 | 斜角牛腿 | 空间牛腿 |
|---|---|---|---|
| 成本 | 一般 | 中 | 高 |

表 5.5.4-6　圆管柱牛腿加劲板形式成本对比

| 牛腿加劲形式 | 直接相贯（无加劲） | 内环加劲 | 外环加劲 |
|---|---|---|---|
| 成本 | 一般 | 中 | 高 |

注：1. 钢管柱内径＜750mm 时，内环板组装、焊接空间小，需将钢管先断开，再进行环板装焊，需考虑钢管对接费用。
　　2. 除上述情况，还应综合考虑组装牛腿的截面形状、尺寸、数量等因素对造价的影响。

**6** 圆钢管结构零部件的焊接，可采用手工焊接或机器人焊接，成本对比可参见表 5.5.4-7。

表 5.5.4-7　零部件焊接成本对比

| 零部件焊接 | 手工焊接 | 机器人焊接 |
|---|---|---|
| 成本 | 中 | 高 |
| 说明 | 1. 焊接位置灵活；<br>2. 不受结构形式限制；<br>3. 加工效率较低；<br>4. 焊接相贯焊缝的焊工需具备全位置焊接能力 | 1. 对软件与设备的衔接及编程要求较高；<br>2. 设备的投入成本高；<br>3. 对于批量性构件加工效率高；<br>4. 一般用于角焊缝焊接；<br>5. 零部件加工精度要求高；<br>6. 综合成本较高 |

**7** 圆钢管柱余量修割可采用火焰切割、端面铣削等方式，成本对比可参见表 5.5.4-8。

**表 5.5.4-8　余量修割成本对比**

| 余量修正 | 火焰切割 | 端面铣削 |
|---|---|---|
| 成本 | 一般 | 高 |
| 说明 | 1. 设备灵活，不受切割位置限制；<br>2. 加工效率高；<br>3. 可加工坡口；<br>4. 无法加工顶紧端；<br>5. 切割质量较差，需打磨；<br>6. 适合小批量生产 | 1. 顶紧端需采用端面铣削；<br>2. 设备位置相对固定；<br>3. 端面加工质量高；<br>4. 效率较低；<br>5. 无法加工坡口 |

**8** 当根据不同直径大小的圆柱本体调整整体加工成本时，成本对比可参见表 5.5.4-9。

**表 5.5.4-9　管柱内径成本对比**

| 管柱内径 | $D>1500mm$ | $750 \leqslant D \leqslant 1500mm$ | $D<750mm$ |
|---|---|---|---|
| 成本 | 一般 | 中 | 高 |

**9** 复杂截面圆管柱通常只能采用人工组装，且焊接难度高，手工焊接比例大，整体加工效率低，应根据加工难度，适当调整造价。

**5.5.5** 异形柱制作计价应包括下列内容：

**1** 异形柱可包括多边形、多腔体或其他不规则及复合截面形式。

**2** 异形柱相比于常规钢柱成本偏高，表 5.5.5 为常见异形柱与常规钢柱的成本对比。

**表 5.5.5　常见异形柱成本对比**

| 异形柱类型 | 组合 H 形柱 | 多腔体柱 | 异形圆柱 | 多边形柱 |
|---|---|---|---|---|
| 结构示意 | | | | |

| 异形柱类型 | 组合 H 形柱 | 多腔体柱 | 异形圆柱 | 多边形柱 |
|---|---|---|---|---|
| 对比结构 | H 形柱 | 箱形柱 | 钢管柱 | 箱形柱 |
| 成本提升 | 低 | 高 | 较高 | 高 |
| 本体成型 | — | — | 卷圆难度增加 | 增加折板工序 |
| 本体组立 | 部分部件无法运用组立机组装 | 增加退装过程 | 增加成型矫正工作 | 增加成型矫正工作 |
| 本体焊接 | 部分本体焊缝空间受限，无法采用埋弧焊 | 部分本体焊缝空间受限，无法采用埋弧焊 | 增加拼接焊缝 | 需设计对应焊缝坡口，焊接易变形 |
| 零件装配与焊接 | 零件焊接空间受限，难度大 | 增加退焊过程；部分内隔板与本体的焊缝无法采用电渣焊焊接 | 内隔板装焊难度大 | 内隔板焊接无法使用电渣焊 |

**3** 异形柱应根据其结构形式，制定加工工艺流程，确定加工成本。

**5.5.6** 格构柱是由结构单元按一定规律构成的各种形式的空腹式组合构件。格构柱的主肢和缀件间通过螺栓或焊接连接。格构柱相比实腹钢柱加工成本偏高。双肢缀条式格构柱如图 5.5.6 所

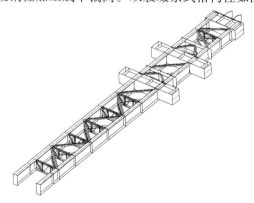

图 5.5.6 双肢缀条式格构柱

示。格构柱钢腹杆对成本的影响见表 5.5.6。

表 5.5.6　格构柱钢腹杆对成本的影响

| 工序 | 型钢腹杆下料 | 型钢腹杆焊接 |
|---|---|---|
| 成本影响 | 中 | 高 |
| 说明 | 1. 型钢腹杆截面较小，单位重量的下料成本较大；<br>2. 型钢腹杆的端部斜头，详图出图、工艺放样难度较大；<br>3. 型钢腹杆的端部斜头切割，无法采用锯割，只能采用手工割刀火焰切割，工效较低，且打磨量大 | 1. 型钢腹杆数量较多，焊接工作量大；<br>2. 型钢腹杆的焊接位置受限，焊接翻身工作量较大；<br>3. 型钢腹杆的尺寸较小，容易造成焊接变形，焊接控制难度较大；<br>4. 型钢腹杆的密度较大，退装退焊工作量较大 |

**5.5.7** 型钢混凝土柱制作计价应包括下列内容：

**1** 型钢混凝土柱型钢的加工成本应考虑增加穿筋孔、灌浆孔、排气孔、栓钉、钢筋搭接板、接驳器等部件成本，以及深化设计和加工成本，成本对比可见表 5.5.7-1。

表 5.5.7-1　组合结构对成本的影响

| 名称 | 灌浆孔 | 栓钉 | 穿筋孔 | 钢筋搭接板 | 接驳器 |
|---|---|---|---|---|---|
| 成本 | 一般 | 一般 | 中 | 偏高 | 高 |
| 说明 | 在本体及隔板上增加了数控切割开孔工序 | 1. 增加栓钉焊工序；<br>2. 部分空间受限的栓钉采用手工焊接，工作量提升明显 | 增加钻孔工序 | 1. 增加焊接工序；<br>2. 相应增加对应隔板焊接工作 | 1. 接驳器环焊缝焊接难度偏高，效率较低；<br>2. 相应增加对应隔板焊接工作量 |

**2** 栓钉焊接可采用螺柱焊或 $CO_2$ 气体保护焊，其成本对比可参见表 5.5.7-2。

表 5.5.7-2 栓钉焊接成本对比

| 栓钉焊接 | 螺柱焊 | $CO_2$ 气体保护焊 |
|---|---|---|
| 成本 | 一般 | 高 |
| 说明 | 1. 适用于平面上栓钉焊接；<br>2. 效率高 | 1. 常用于弧面上的栓钉焊接；<br>2. 效率低 |

**3** 栓钉根据位置分为腔内栓钉和腔外栓钉，腔内栓钉操作空间小，定位难度大，以手工焊接为主，加工成本较高。

## 5.6 钢 梁

**5.6.1** H 型钢梁制作计价应考虑下列内容：

**1** H 型钢梁的加工流程可参照 H 型钢柱。

**2** 相对于钢柱，钢梁宜附加起拱，钢梁起拱方式对成本的影响可参照表 5.6.1 确定。

表 5.6.1 钢梁起拱方式对成本的影响

| 起拱方式 | 多段摆放起拱 | 火矫起拱 | 腹板弧形下料起拱 |
|---|---|---|---|
| 成本 | 一般 | 中 | 高 |
| 说明 | 1. 一般用于多段钢梁，需整体起拱；<br>2. 线性对称规整，但在梁梁相接位置拱形略差 | 1. 一般用于常规单根钢梁的起拱；<br>2. 火矫后的结构拱度线形分布一般 | 1. 一般用于重要结构的重要主梁；<br>2. 增加一定的材料损耗；<br>3. 腹板需异形数控下料；<br>4. 拱度线形好 |

**5.6.2** 箱型钢梁制作计价应考虑下列内容：

**1** 箱型钢梁的加工流程可参照箱型钢柱。

**2** 相对于钢柱，钢梁宜附加起拱，起拱方式对成本的影响可参见表 5.6.2。

**5.6.3** 相对于常规钢梁劲性钢梁制作时应增加穿筋孔、灌浆孔、栓钉、钢筋搭接板、接驳器等部件，这些部件对成本的影响可参见表5.5.7-1。

**5.6.4** 桥梁钢箱梁制作计价应考虑下列内容：

**1** 桥梁钢箱梁结构可为开口式箱梁和闭口式箱梁，如图5.6.4所示。

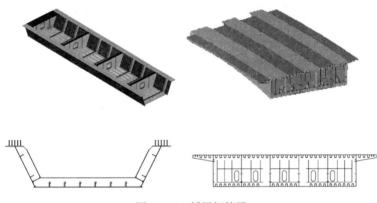

图5.6.4 桥梁钢箱梁

**2** 钢箱梁制作受桥梁线形、U形肋连接形式、防撞墙形式等不同程度上的结构影响，成本对比可参见表5.6.4-1。

表5.6.4-1 桥梁钢箱梁结构形式成本对比

| 结构形式变化 | 桥梁线形 | | | U形肋连接形式 | | 防撞墙形式 | |
|---|---|---|---|---|---|---|---|
| 影响 | 桥面变宽 | 桥体变高 | 桥体弯弧 | 焊接 | 栓接 | 带规则防撞墙 | 带轮廓防撞墙 |
| 成本 | 低 | 中 | 高 | 低 | 中 | 低 | 中 |

**3** 桥零件的下料、压折成型、零件钻孔、机加工等工序计价方式可同前文描述。

**4** 桥梁板单元加工可采用手工装配及焊接，手工装配、角焊机焊接，自动化设备装配及焊接等不同方式。桥面板单元加工成本对比见表5.6.4-2。

表 5.6.4-2　桥面板单元加工成本对比

| 加工方法 | 手工装配及焊接 | 手工装配、角焊机焊接 | 自动化设备装配及焊接 |
|---|---|---|---|
| 成本 | 一般 | 中 | 高 |
| 说明 | 多应用于弧形桥梁板单元加工，只能采取手工画线、定位及焊接，焊后火矫；加工效率低 | 采用手工定位装配，焊接时采用角焊机施焊，相较于手工焊接更稳定、速度更快、效率更高 | 应用于直线段板单元，实现自动组立、焊接，并且可实现预制反变形，焊后矫正工作量很小。但对桥梁线形要求高、对加工设备要求非常高 |

**5** U 形肋焊接分为外部焊接和内外均焊接两种不同要求。U 形肋焊接成本对比见表 5.6.4-3。

表 5.6.4-3　U 形肋焊接成本对比

| U 形肋焊接 | 外部焊接 | 内外均焊接 |
|---|---|---|
| 成本 | 一般 | 高 |
| 说明 | 绝大部分钢桥其 U 形肋的焊接仅需要外部焊接，无论采取手工焊、半自动焊还是自动焊，对设备的要求相对较低 | 常见于跨江、跨海特大桥梁，内外均焊接，对焊接设备要求非常高，目前国内能实现内焊的设备和制造厂家并不多，设备成本高 |

**6** 钢桥预拼装方法分为数字预拼装和实体预拼装两种。钢桥预拼装成本对比见表 5.6.4-4。

表 5.6.4-4　钢桥预拼装成本对比

| 钢桥预装 | 数字预拼装 | 实体预拼装 |
|---|---|---|
| 成本 | 一般 | 高 |
| 说明 | 通过全站仪的测量及分析，实现单个桥段数据分析及多个桥段相互间关系分析。单个桥段信息采集后，可不受桥段发货与否的限制，可实现数据随时随取，快速、自动比对分析 | 需待所有桥段加工完成后才能进行，能模拟接近成桥时的状态，偏差情况肉眼可看，更加直观。但时间长、效率低，对场地、起重设备、桥段发运时间安排等的要求非常高 |

## 5.7 钢板剪力墙

**5.7.1** 钢板剪力墙是以承受水平剪力为主的钢板墙体(图 5.7.1),包括加劲钢板剪力墙和钢板组合剪力墙等类型。钢板组合剪力墙上设置了穿筋孔、栓钉、钢筋搭接板、接驳器等部件,增加了深化设计和加工成本。钢板剪力墙加工成本分析可参见表 5.7.1。

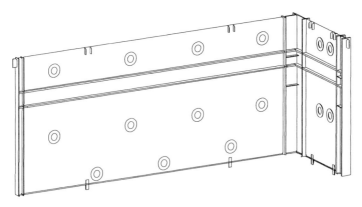

图 5.7.1 钢板剪力墙

表 5.7.1 钢板剪力墙加工成本分析

| 工序 | 钢板墙组立 | 钢板与主体焊接 | 钢板焊后矫正 | 钢板墙预装 |
|---|---|---|---|---|
| 成本 | 一般 | 一般 | 中 | 高 |
| 说明 | 1. 钢板墙的面积大,占用场地;<br>2. 部分带角度、L 形的钢板墙组立过程中需搭设支撑 | 1. 钢板墙的焊缝以熔透焊缝为主,焊接成本高;<br>2. 钢板墙焊缝长度长,需采用分段退焊等工艺措施减少变形 | 钢板在焊后平面度会发生变化,尤其是薄板钢板墙,矫正工作量偏大 | 钢板墙的焊缝收缩量大,工地接口长度长,易造成接口错边,一般在工厂需增设预装工序 |

**5.7.2** 钢板下料可采用火焰切割、等离子切割、激光切割等方式，成本对比可参见表5.7.2。

表 5.7.2 钢板切割下料成本对比

| 下料方式 | 火焰切割 | 等离子切割 | 激光切割 |
|---|---|---|---|
| 成本 | 一般 | 中 | 高 |
| 说明 | 1. 限于碳钢与低合金钢切割；<br>2. 热影响区与热变形比较大，断面粗糙且多有挂渣；<br>3. 切缝较宽，需加放余量 | 1. 常用于薄板单头快速切割；<br>2. 切割边缘垂直度较差；<br>3. 切割精度比火焰切割高，割割效率高，变形小 | 1. 以单头切割为主；<br>2. 割缝窄、工件变形小，切割速度快；<br>3. 切割质量优于等离子 |

**5.7.3** 型钢下料可采用火焰切割、锯床切割、相贯切割等方式，成本对比可参见表5.7.3。

表 5.7.3 型钢切割下料成本对比

| 下料方式 | 火焰切割 | 锯床切割 | 相贯切割 |
|---|---|---|---|
| 成本 | 一般 | 中 | 高 |
| 说明 | 1. 限于碳钢与低合金钢切割；<br>2. 热影响区与热变形比较大，断面粗糙且多有挂渣；<br>3. 切缝较宽，需加放余量 | 1. 速度快；<br>2. 加工表面光洁度和尺寸精度较高；<br>3. 适合大批量加工 | 1. 通过三维绘图软件导出切割数据，对软件与设备的衔接及编程要求较高；<br>2. 设备的投入成本高；<br>3. 表面质量佳，适合批量加工 |

注：如遇不规则异形工件，则板材在切割下料时损耗增大。

**5.7.4** 钢板墙焊接一般可采用手工焊接、靠轮式小车埋弧焊机或半自动气保焊机焊接，成本对比可参见表5.7.4。

表 5.7.4 钢板墙焊接

| 钢板墙焊接 | 手工焊接 | 靠轮式小车埋弧焊机焊接 | 半自动气保焊机焊接 |
|---|---|---|---|
| 成本 | 一般 | 中 | 高 |
| 说明 | 1. 焊接位置灵活；<br>2. 不受结构形式限制；<br>3. 加工效率较低 | 1. 一般用于打底及一定量填充焊接；<br>2. 受结构影响，焊接质量一般 | 1. 用于小截面或异形、弯曲的本体焊接；<br>2. 效率低，焊缝成型一般 |

## 5.8 钢 桁 架

**5.8.1** 钢桁架是由弦杆、腹杆、牛腿等部件通过焊接、铆接或螺栓连接而成的支撑横梁结构。桁架可分为平面桁架和空间桁架，如图 5.8.1-1 和图 5.8.1-2 所示。

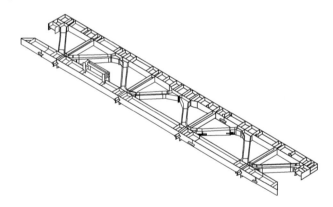

图 5.8.1-1 平面桁架

图 5.8.1-2 空间桁架

**5.8.2** 桁架弦杆、腹杆等部件的下料、压折成型、零件钻孔、机加工、本体组立、本体焊接、本体矫正、零部件的焊接、余量切割等工序可根据部件的自身结构形式进行加工，其成本对比同前文描述。

**5.8.3** 平面钢桁架宜采用平面胎架辅助拼装，立体桁架应采用立体胎架辅助拼装，成本对比可参见表5.8.3。

表 5.8.3　拼装胎架成本对比

| 拼装胎架 | 平面胎架 | 立体胎架 |
|---|---|---|
| 成本 | 一般 | 高 |
| 说明 | 1. 适用于平面、简单的单片桁架拼装；<br>2. 胎架材料用量少、利用率高、可重复利用 | 1. 制作三维立体胎架，对场地的需求较大；<br>2. 胎架材料用量大，拼装下一榀立体桁架时需重新调整胎架；<br>3. 适用于三角桁架、有折角或圆弧造型的立体桁架 |

**5.8.4** 钢桁架拼装方式可采用实体预拼装和数字预拼装制作，成本对比可参见表5.8.4。

表 5.8.4　钢桁架拼装成本对比

| 总装方式 | 数字预拼装 | 实体预拼装 |
|---|---|---|
| 成本 | 一般 | 高 |
| 说明 | 1. 非实体预拼，减少加工周期；<br>2. 不受场地限制；<br>3. 设备、软件、人员素质等方面需投入成本；<br>4. 会产生一定量的测量数据误差 | 1. 产生转运成本；<br>2. 产生胎架成本；<br>3. 有一定的场地需求 |

## 5.9 空间网格结构构件

**5.9.1** 空间网格结构包括螺栓球节点网架和网壳结构、焊接空心球网架和网壳结构等。具体构造组成如下：

**1** 螺栓球节点网架构件由螺栓球、网架杆件组成，其中网架杆件包含钢管、锥头、封板、套筒、紧固螺钉、高强度螺栓，如图 5.9.1-1 所示。

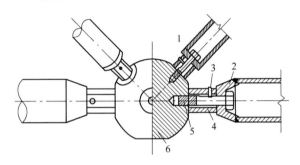

图 5.9.1-1　螺栓球节点网架

1—封板；2—锥头；3—紧固螺钉；4—套筒；

5—高强度螺栓；6—螺栓球

**2** 焊接球节点网架构件由焊接空心球、杆件、衬管组成，如图 5.9.1-2 所示。

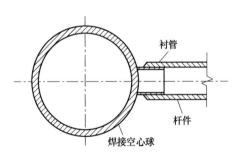

图 5.9.1-2　焊接球节点网架

**3** 网壳结构构件由杆件和节点组成，杆件可采用型钢、焊接成型构件、焊管或无缝钢管等。节点通常有直接相贯节点、焊接空心球节点、毂节点等。

**5.9.2** 螺栓球加工计价应包括下列内容：

**1** 毛胚球由圆钢锻造成型，圆钢（45号）宜采用锯床下料。

**2** 圆钢宜在加热炉内加热，加热温度宜为1100～1200℃。

**3** 螺栓球锻压工艺采用模锻成型法，根据待加工球径大小选取对应尺寸的成型模具。锻压设备可采用空气锤或油压机。锻压成本对比可参见表5.9.2-1。

表5.9.2-1 锻压成本对比

| 加工工艺 | 空气锤 | 油压机 |
|---|---|---|
| 成本 | 一般 | 高 |
| 说明 | 适用于加工截面较小的螺栓球，精度低，效率高 | 适用于各种截面螺栓球的锻压，效率低 |

**4** 毛胚球锻压成型后应打磨，磁粉探伤检测。

**5** 螺栓球的螺栓孔、螺纹加工可采用普通车床、数控车床或数控加工中心。螺栓球机加工成本对比可参见表5.9.2-2。

表5.9.2-2 螺栓球机加工成本对比

| 加工工艺 | 数控车床 | 普通车床 | 数控加工中心 |
|---|---|---|---|
| 成本 | 一般 | 中 | 高 |
| 说明 | 加工效率较高，精度高 | 需配置专用工装，劈面、钻孔等工序需单独加工，构件周转成本较高 | 1. 自动化程度高、效率高、精度高；2. 设备的投入成本高，适合批量生产 |

**6** 根据螺栓球网架结构形式调整螺栓球节点加工成本。螺栓球网架结构形式对成本的影响见表5.9.2-3。

表 5.9.2-3　螺栓球网架结构形式对成本的影响

| 结构形式 | 平面螺栓球网架 | 曲面螺栓球网架 |
|---|---|---|
| 成本 | 一般 | 高 |

**5.9.3**　螺栓球网架杆件加工计价应包括下列内容：

**1**　钢管杆件下料采用管子车床或数控相贯线切割机。

**2**　锥头宜采用圆钢，锯切机下料，在加热炉中进行加热，油压机模压压制成型。

**3**　锥头机加工可采用普通车床或数控车床，成本对比可参见表 5.9.3-1。

表 5.9.3-1　锥头机加工成本对比

| 加工工艺 | 数控车床 | 普通车床 |
|---|---|---|
| 成本 | 一般 | 中 |
| 说明 | 加工效率较高，精度高 | 需配置专用工装，每道工序需单独加工，构件周转成本较高 |

**4**　封板宜采用圆钢，锯切机下料，机加工可采用普通车床或数控车床。

**5**　套筒可通过六角钢下料机加工成型或采用圆钢下料经加热后模压成型，成本对比可参见表 5.9.3-2。

表 5.9.3-2　套筒成型成本对比

| 成型 | 六角钢下料机加工成型 | 圆钢下料经加热后模压成型 |
|---|---|---|
| 成本 | 一般 | 高 |
| 说明 | 机械化程度较高，适用于批量加工常规套筒，六角钢原材料采购成本高 | 适用于加工特殊规格套筒，工艺复杂，效率低 |

**6**　螺栓球网架杆件采用手工焊接或网架双枪环缝 $CO_2$ 自动焊机焊接，成本对比可参见表 5.9.3-3。

表 5.9.3-3　杆件焊接成本对比

| 焊接方法 | 手工焊接 | 网架双枪环缝 $CO_2$ 自动焊机焊接 |
|---|---|---|
| 成本 | 高 | 一般 |
| 说明 | 设备简单、操作方便、适应性强，焊工劳动强度大，劳动条件差，生产效率低 | 工作速度快，生产效率高，焊接质量高且稳定，改善劳动条件，降低劳动强度，对接头加工和装配要求严格 |

**7**　网架网格尺寸小于 3m 或占比达到 60％以上的，应考虑增加整体加工成本。

**5.9.4**　网架支座、支托（图 5.9.4）加工计价应包括下列内容：

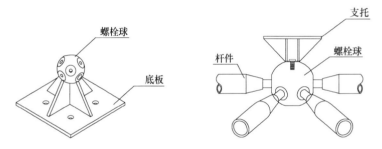

图 5.9.4　网架支座、支托

**1**　支座、支托采用人工组装、手工焊接；定位难度大，精度要求高，对作业工人专业技能要求高。

**2**　采用局部加热矫正。

**5.9.5**　焊接空心球加工计价应包括下列内容：

**1**　焊接空心球根据内部加劲肋情况可分为无肋焊接空心球和加肋焊接空心球，成本对比可参见表 5.9.5-1。

表 5.9.5-1　加劲肋成本对比

| 类型 | 无肋焊接空心球 | 加肋焊接空心球 |
|---|---|---|
| 成本 | 一般 | 高 |

**2**　半球圆形坯料下料、肋板宜采用数控切割机或半自动火

焰切割机（配半径杆）下料，成本对比可参见表 5.9.5-2。

表 5.9.5-2　半球圆形胚料、肋板下料成本对比

| 下料 | 数控切割机 | 半自动火焰切割机 |
|---|---|---|
| 成本 | 一般 | 高 |
| 说明 | 切割速度快、效率高、质量好，省人工，设备前期投入成本高 | 适用范围广，设备要求较低，前期投入成本低，切割速度慢，切割时热变形较大，切割精度不高 |

**3**　半球圆形坯料采用加热炉加热，模压压制成型，模压设备可采用油压机。

**4**　半球切边、坡口采用气割机或车床，成本对比可参见表 5.9.5-3。

表 5.9.5-3　半球切边、坡口成本对比

| 加工工艺 | 气割机 | 机械加工 |
|---|---|---|
| 成本 | 一般 | 高 |
| 说明 | 需设置坡口机旋转平台，效率高，精度较低 | 切割速度快、效率高、质量好 |

**5**　加劲肋坡口机加工成型，可采用普通车床或数控车床，成本对比可参见表 5.9.5-4。

表 5.9.5-4　加劲肋坡口机加工成型成本对比

| 加工工艺 | 普通车床 | 数控车床 |
|---|---|---|
| 成本 | 一般 | 高 |
| 说明 | 速度较快、效率高、质量好，劳动量较大，设备前期投入成本较低 | 切割速度快、效率高、质量好，省人工，设备前期投入成本高 |

**6**　半球应在专用胎模或设备上装配成整球，焊接可采用手工焊接、空心球专用焊机、机器人自动焊接，成本对比可参见表 5.9.5-5。

表 5.9.5-5　焊接

| 焊接方法 | 手工焊接 | 空心球专用焊机 | 机器人自动焊接 |
|---|---|---|---|
| 成本 | 一般 | 中 | 高 |
| 说明 | 可组焊各种截面规格的焊接空心球，操作方便、适应性强，焊工劳动强度大，劳动条件差，生产效率低 | 工作速度快，生产效率高，焊接质量高且稳定，改善劳动条件，降低劳动强度，对接头加工和装配要求严格 | 1. 对软件与设备的衔接及编程要求较高；<br>2. 设备的投入成本高；<br>3. 焊接质量佳 |

**7** 根据焊接空心球板厚适当调整焊接球节点焊接成本，成本对比可参见表 5.9.5-6。

表 5.9.5-6　焊接空心球板厚成本对比

| 板厚 | $t \leqslant 30$ | $30 < t \leqslant 60$ | $t > 60$ |
|---|---|---|---|
| 成本 | 一般 | 中 | 高 |

**8** 根据焊接空心球截面尺寸适当调整整体加工成本，成本对比可参见表 5.9.5-7。

表 5.9.5-7　焊接空心球截面尺寸成本对比

| 截面尺寸 | $D \leqslant 400$ | $400 < D \leqslant 800$ | $D > 800$ |
|---|---|---|---|
| 成本 | 高 | 中 | 高 |

**5.9.6** 焊接球网架杆件加工计价应包括下列内容：

**1** 杆件钢管下料可采用自动管子切断及坡口一体机、管子车床或多轴数控相贯线切割机进行切割下料。

**2** 焊接空心球网架杆件两端应配焊接衬管，应考虑其费用。

**5.9.7** 网壳结构杆件加工计价应包括下列内容：

**1** 网壳结构杆件可采用型钢、焊接成型构件、焊管或无缝钢管等。

**2** 网壳结构杆件常有直线杆件和弧形杆件，成本对比可参见表 5.9.7。

表 5.9.7　杆件形式成本对比

| 杆件形式 | 直线杆件 | 弧形杆件 |
|---|---|---|
| 成本 | 一般 | 高 |

**3**　网壳的网格小于 3m 的，考虑构件小、精度要求高、加工效率低，计价时应考虑费用增加。

**5.9.8**　网壳结构节点加工计价应包括下列内容：

**1**　单层网壳应采用刚接节点，节点形式通常有直接相贯节点、焊接空心球节点、毂节点、铸钢节点等，成本对比可参见表 5.9.8-1。

表 5.9.8-1　单层网壳节点形式成本对比

| 节点形式 | 直接相贯节点 | 焊接空心球节点 | 毂节点 | 铸钢节点 |
|---|---|---|---|---|
| 成本 | 一般 | 中 | 高 | 较高 |

**2**　双层网壳节点形式通常有直接相贯节点、焊接空心球节点、螺栓球节点、毂节点、铸钢节点等，成本对比可参见表 5.9.8-2。

表 5.9.8-2　双层网壳节点形式成本对比

| 节点形式 | 直接相贯节点 | 焊接空心球节点 | 螺栓球节点 | 毂节点 | 铸钢节点 |
|---|---|---|---|---|---|
| 成本 | 一般 | 中 | 中 | 高 | 较高 |

**3**　毂节点由筒体、内隔板、封板组装焊接成型。筒体可采用无缝管、直缝焊管、铸管、锻管等。筒体宜采用数控等离子相贯线切割机下料。毂节点加工工序多、效率低，应考虑工艺要求增加的费用。

## 5.10　弯扭钢构件

**5.10.1**　弯扭钢构件一般分为弯曲、扭转、弯扭等不同类型，如

图 5.10.1 所示。

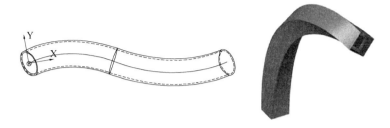

图 5.10.1　弯扭钢构件

**5.10.2**　弯扭钢构件在外观上具有很高的观赏性，从深化设计、加工成型到现场安装的质量要求极高，特别是弯扭构件加工制作有很大难度，须在加工工艺上进行技术攻关，在每一道工序上都要加强质量控制，以确保整体的结构质量符合设计要求。

**5.10.3**　弯扭钢构件壁板为空间弯扭形状，须进行二次深化，壁板采用计算机精确放样。弯扭壁板摊平后呈异形结构，弯扭钢构件的材料损耗率建议按实际调整。箱形弯扭钢构件零件拆分如图 5.10.3所示。

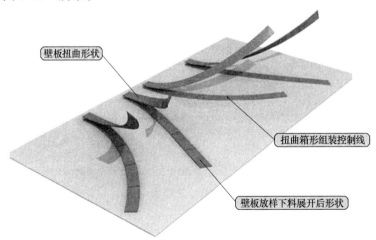

图 5.10.3　箱形弯扭钢构件零件拆分示意图

**5.10.4** 箱形弯扭钢构件下料可采用火焰切割、等离子切割、激光切割等方式。圆管形弯扭钢构件下料可采用手工切割、相贯线切割等方式，成本对比可参见表 5.10.4-1、表 5.10.4-2。

表 5.10.4-1　箱形弯扭钢构件下料成本对比

| 下料方法 | 火焰切割 | 等离子切割 | 激光切割 |
|---|---|---|---|
| 成本 | 一般 | 中 | 高 |
| 说明 | 1. 可多头同时切割，厚板切割效率高；<br>2. 限于碳钢与低合金钢切割；<br>3. 热影响区与热变形比较大，断面粗糙且多有挂渣；<br>4. 切缝较宽，需加放余量 | 1. 常用于薄板单头快速切割；<br>2. 切割边缘垂直度较差；<br>3. 切割精度比火焰切割高，切割速度快，效率高，变形小 | 1. 以单头切割为主；<br>2. 割缝窄、工件变形小，切割速度快；<br>3. 切割质量优于等离子 |

表 5.10.4-2　圆管形弯扭钢构件下料成本对比

| 零件下料 | 手工切割 | 相贯线切割机 |
|---|---|---|
| 成本 | 一般 | 高 |
| 说明 | 1. 设备投入低；<br>2. 切割质量差，影响焊接质量 | 1. 通过三维绘图软件导出编程数据，对软件与设备的衔接及编程要求较高；设备的投入成本高；<br>2. 成型率好，表面质量佳，适合批量生产 |

**5.10.5** 箱形弯扭钢构件弯曲成型可采用火焰矫正成型、胎架顶压成型、三辊卷板机成型、油压机压制成型、无模多点数控成型等方法。圆管形钢构件弯弧成型可采用火焰煨弯、油压机冷弯、中频热弯等方法，成本对比可参见表 5.10.5-1、表 5.10.5-2。

表 5.10.5-1　箱形弯扭钢构件弯曲成型方法成本对比

| 加工工艺 | 火焰矫正成型 | 胎架顶压成型 | 三辊卷板机卷制成型 | 油压机压制成型 | 无模多点数控成型 |
|---|---|---|---|---|---|
| 成本 | 低 | 低 | 一般 | 中 | 高 |
| 适用性及优缺点 | 1. 低效的热加工方式；<br>2. 一般用于局部调整 | 1. 低效的冷加工方式；<br>2. 适用于加工薄板结构 | 1. 加工效率较高；<br>2. 仅能单方向弯弧加工 | 1. 加工效率一般；<br>2. 成型精度较高；<br>3. 需要进行工艺放样；<br>4. 可加工任意厚度 | 1. 加工效率较高；<br>2. 设备投入成本高昂；<br>3. 加工尺寸受设备限制；<br>4. 可加工中厚板结构 |

表 5.10.5-2　圆管形钢构件弯弧成型方法成本对比

| 弯弧加工 | 火焰煨弯 | 油压机冷弯 | 中频热弯 |
|---|---|---|---|
| 成本 | 一般 | 中 | 高 |
| 说明 | 1. 常用的手工热加工方式；<br>2. 成型质量较差；<br>3. 仅能进行曲率半径大的弯弧加工 | 1. 常用的冷加工方式；<br>2. 成型质量较好；<br>3. 能进行曲率半径中等的弯弧加工 | 1. 能耗较大；<br>2. 适用于曲率半径小的弯弧加工；<br>3. 成型质量较好 |

注：弯管工艺的选择与径厚比、弯曲半径有关。一般径厚比（内径/壁厚）≤18 的采用中频热弯；径厚比≥22 的采用冷弯；弯曲半径越小，采用中频热弯越多。

**5.10.6** 弯扭钢构件零件压制成型后需进行弯曲成型精度复核。检测其成型精度的方法有胎架复核、制作等比例样板复核等方法，成本对比可参见表 5.10.6。

表 5.10.6　弯扭钢构件零件成型精度复核成本对比

| 精度复核方法 | 胎架复核 | 制作等比例样板复核 |
|---|---|---|
| 成本 | 高 | 较高 |
| 说明 | 1. 适用于圆管形、箱形弯扭构件；<br>2. 复核精度一般 | 1. 需要进行样板放样、制作，消耗更多材料；<br>2. 仅适用于箱形弯扭钢构件，复核精度较高 |

**5.10.7** 弯扭钢构件的本体组立一般通过地样吊线放样或数字化模拟预拼装定位，成本对比可参见表5.10.7。

表5.10.7 弯扭钢构件本体组立成本对比

| 组装方法 | 地样吊线放样 | 数字化模拟预拼装定位 |
|---|---|---|
| 成本 | 低 | 中 |
| 说明 | 1. 需要使用一定量的钢板进行地样放样，设置三维拼装胎架；<br>2. 需要成熟的技术团队，对结构所需的空间点位进行建模放样 | 1. 设备、软件人员素质有一定的投入；<br>2. 一般用于粗定位后的修正，涉及一定量的返工 |

**5.10.8** 弯扭钢构件本体矫正可采用火焰、外力设备矫正，成本可参见表5.10.8。

表5.10.8 矫正成本

| 矫正方法 | 矫正 |
|---|---|
| 成本 | 高 |
| 说明 | 弯扭钢构件一般采在胎架上火工并辅助外力设备矫正。矫正效率较低，对工人技术水平要求高，成本高 |

**5.10.9** 弯扭钢构件牛腿一般采用人工组装，其定位有直角、斜角和空间角度等不同形式，成本对比可参见表5.10.9。

表5.10.9 牛腿定位形式成本对比

| 牛腿定位形式 | 直角牛腿 | 斜角牛腿 | 空间牛腿 |
|---|---|---|---|
| 成本 | 一般 | 中 | 高 |

注：1. 应综合考虑牛腿的截面形状、尺寸、数量等因素对造价的影响。
　　2. 弯扭牛腿比常规牛腿定位、组装的难度大，成本高。

**5.10.10** 弯扭钢构件焊接成本应考虑焊接位置、焊接方法、焊接要求以及焊接效率等影响，焊接位置对成本的影响可参见表5.10.10。

表 5.10.10 焊接位置对成本的影响

| 焊接位置 | 平焊 | 横焊 | 立焊 | 仰焊 |
|---|---|---|---|---|
| 成本 | 一般 | 中 | 中 | 高 |

**5.10.11** 弯扭钢构件端面空间复杂，通用切割设备适用性差，一般采用人工切割，成本较高。

**5.10.12** 弯扭钢构件应进行预拼装，需考虑预拼装费用，其成本可参见表 5.10.12。

表 5.10.12 预拼装成本

| 预拼装方式 | 实体预拼装 |
|---|---|
| 成本 | 高 |
| 说明 | 拼装工期长、占用场地大、拼装胎架搭拆工作量大、检验过程烦琐、测量时间长、检测费用高，拼装过程和结果比较直观，能够检验施工方案的科学性 |

## 5.11 次钢结构构件

**5.11.1** 次钢结构构件是指钢结构梁、柱等主要受力构件以外的次要构件或功能性构件，主要包括撑杆、隅撑、水平支撑、系杆、拉条、预埋件等。

**5.11.2** 次钢结构构件材料主要有 C 形或 Z 形镀锌冷弯型钢、H 形高频焊型钢、热轧型钢（C 形、方形、矩形），镀锌钢板、冷轧钢板和热轧钢板等，成本对比可参见表 5.11.2。

表 5.11.2 次钢结构构件使用型材成本对比

| 型材类型 | 热轧型钢 | H 形高频焊型钢 | 镀锌冷弯型钢 |
|---|---|---|---|
| 成本 | 一般 | 中 | 高 |
| 说明 | 适用于各种支撑件、屋面檩条和墙筋、门柱等结构构件；加工方便，需要涂装防腐 | 适用于各种荷载较大、跨度较大的支撑件，屋面檩条和墙筋等结构构件；加工方便，需要涂装防腐 | 加工方便，生产成本低，镀锌构件具有良好的防腐性能；缺点是焊接后需要采取防腐处理措施 |

**5.11.3** 次钢结构构件的下料可采用火焰切割、锯床切割、相贯线切割等方式，成本对比可参见表5.11.3。

表5.11.3 次钢结构构件下料成本对比

| 下料方法 | 火焰切割 | 锯床切割 | 相贯线切割 |
|---|---|---|---|
| 成本 | 一般 | 中 | 高 |
| 说明 | 1. 限于碳钢与低合金钢切割；<br>2. 热影响区与热变形比较大，断面粗糙且多有挂渣；<br>3. 切缝较宽，需要有一定的割割余量 | 1. 速度快；<br>2. 加工表面光洁度和尺寸精度较高；<br>3. 适合批量生产 | 1. 通过三维绘图软件导出切割数据，对软件与设备的衔接及编程要求较高；<br>2. 设备的投入成本高；<br>3. 表面质量佳，适合批量生产 |

**5.11.4** 次钢结构构件钻孔可使用空心钻、摇臂钻、数控平面钻和钢板加工中心，成本对比可参见表5.11.4。

表5.11.4 次钢结构构件钻孔成本对比

| 钻孔方法 | 空心钻 | 摇臂钻 | 数控平面钻 | 钢板加工中心 |
|---|---|---|---|---|
| 成本 | 一般 | 一般 | 中 | 高 |
| 说明 | 1. 使用方便，零件不需驳运；<br>2. 钻孔前需要孔位画线；<br>3. 钻制大孔和厚板效率较低 | 1. 零件需要驳运至钻床位置；<br>2. 钻孔前需要孔位画线；<br>3. 钻制厚板和大孔以及相同零件叠钻效率高 | 1. 零件需要驳运至钻床位置；<br>2. 可以直接利用模型数据钻孔，精度和效率高 | 1. 可同时进行零件下料和钻孔；<br>2. 设备的投入成本较高 |

**5.11.5** 次钢结构构件零部件的焊接一般可采用手工焊接或半自动气保焊接，成本对比可参见表5.11.5。

表 5.11.5　次钢结构构件零部件焊接成本对比

| 零部件焊接 | 手工焊接 | 半自动气保焊接 |
|---|---|---|
| 成本 | 一般 | 高 |
| 说明 | 1. 焊接位置灵活；<br>2. 不受结构形式限制；<br>3. 加工效率较低 | 1. 用于小截面或异形、弯曲的本体焊接；<br>2. 效率低，焊缝成型一般 |

**5.11.6**　次钢结构构件有特殊要求、采取特殊加工工艺时，应按实计价。

## 5.12　建筑外露钢构件

**5.12.1**　建筑外露钢构件是在建筑物完成内、外装修后，依然裸露于建筑物外表面或对外开放的建筑物内部的钢构件。外露钢构件包括组成外露钢结构的构件和节点。

**5.12.2**　建筑外露钢构件根据设计要求、结合视觉样板及施工工艺进行计价。

**5.12.3**　建筑外露钢构件的加工计价应考虑以下因素：

**1**　深化设计及设计协调费用。

**2**　高精度加工费用。

**3**　外观成型处理费用。

**4**　高要求表面涂装费用。

**5**　成品保护措施费用。

**6**　视觉样板费用。

**7**　工期。

## 5.13　模块化箱形钢结构

**5.13.1**　模块化箱形钢结构是指以钢结构为箱体结构，由围护与框架组合而成的箱式建筑。所有模块构件均在工厂进行标准化设计及制作，房屋构件通过标准化连接件在现场进行快速安装，完成房屋的建造，如图 5.13.1 所示。

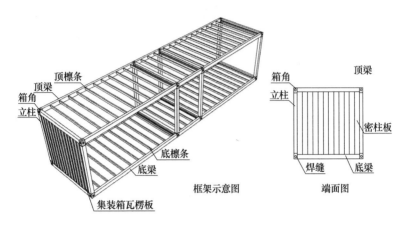

图 5.13.1　模块化箱形钢结构构造

**5.13.2**　模块化箱形钢结构的结构体系可分为纯框架构造、密柱板墙体框架构造和集装箱墙板框架构造，成本对比可参见表 5.13.2。

表 5.13.2　模块化箱形钢结构不同结构体系成本对比

| 结构体系 | 纯框架构造 | 密柱板墙体框架构造 | 集装箱墙板框架构造 |
|---|---|---|---|
| 成本 | 低 | 中 | 高 |
| 说明 | 焊接量少，效率高 | 墙板点焊，效率中等 | 墙板满焊，效率低 |

**5.13.3**　模块化箱形钢结构的形状可分为标准长方体或非标立方体，成本对比可参见表 5.13.3。

表 5.13.3　模块化箱形钢结构形状成本对比

| 结构形状 | 标准长方体 | 非标立方体 |
|---|---|---|
| 成本 | 低 | 高 |
| 说明 | 构件焊接均为 90°，工装容易定位，批量焊接效率高 | 构件焊接角度复杂，工装定位复杂，批量焊接效率低 |

**5.13.4**　模块化箱形钢结构尺寸大小可分为宽度 $W \leqslant 4\text{m}$、高度

$H{\leqslant}3.6$m、长度 $L{\leqslant}14$m 和宽度 $W{>}4$m、高度 $H{>}3.6$m、长度 $L{>}14$m，成本对比可参见表5.13.4。

表 5.13.4 模块化箱形钢结构不同尺寸成本对比

| 尺寸大小 | $W{\leqslant}4$m、$H{\leqslant}3.6$m、$L{\leqslant}14$m | $W{>}4$m、$H{>}3.6$m、$L{>}14$m |
|---|---|---|
| 成本 | 低 | 高 |
| 说明 | 1. 便于运输；<br>2. 工厂生产周转容易 | 1. 运输需要特殊车辆；<br>2. 生产周转效率低 |

**5.13.5** 模块化箱形钢结构型材可采用矩形管或工字钢，成本对比可参见表5.13.5。

表 5.13.5 模块化箱形钢结构型材类别成本对比

| 型材选用 | 矩形管 | 工字钢 |
|---|---|---|
| 成本 | 低 | 高 |
| 说明 | 1. 焊接效率高；<br>2. 焊接变形小 | 1. 焊接效率低；<br>2. 焊接变形大，需矫正 |

**5.13.6** 模块化箱形钢结构的本体组立可采用专用工装装夹组立或在钢平台上手工组立，成本对比可参见表5.13.6。

表 5.13.6 本体组立方式成本对比

| 组立 | 专用工装装夹组立 | 钢平台手工组立 |
|---|---|---|
| 成本 | 低 | 高 |
| 说明 | 1. 流水线作业，效率高；<br>2. 对模块尺寸有限制 | 1. 效率较低；<br>2. 模块尺寸不限 |

**5.13.7** 模块化箱形钢结构的本体焊接，可采用焊接机器人自动焊接，也可用轨道式半自动气保焊机焊接或半自动气保焊机手工焊接，成本对比可参见表5.13.7。

表 5.13.7　本体焊接方法成本对比

| 本体焊接 | 焊接机器人自动焊接 | 轨道式半自动气保焊机焊接 | 半自动气保焊机手工焊接 |
|---|---|---|---|
| 成本 | 低 | 中 | 高 |
| 说明 | 效率高、焊缝成型好 | 效率中等，焊缝成型好 | 用于短焊缝或异形、弯曲的本体焊接；效率低，焊缝成型较差 |

## 5.14　包装及运输

**5.14.1**　打包应符合项目及发包人要求，可采用以下几种打包方式：散货捆包、散货托架、散货托架（盘）、集装箱，成本对比可参见表 5.14.1。

表 5.14.1　钢构件打包方式成果对比

| 运输方式 | 散货捆包 | 散货托架（盘） | 集装箱 |
|---|---|---|---|
| 成本 | 一般 | 中 | 高 |
| 说明 | 国内最常规运输方式，适用于各种常规构件的运输，但是根据运输路线，有运输尺寸限制；国外项目也采用此方式。<br>涉及的打包材料有小槽钢（仅国外项目）木方、钢包带、珍珠棉等 | 适用于较多构件打包在一起且有吊点要求的项目，国内应用较少，常用于海外项目。<br>优点是起吊方便，构件不容易散架。<br>缺点是构件需要相对规则，否则空间利用率低。<br>涉及的打包材料有型钢（角钢、槽钢或H型钢等）、吊耳板、木方、钢丝绳、珍珠棉等 | 适用于海外项目，构件的尺寸限制要求高，必须小于集装箱内部净尺寸。<br>优点是构件整体性好。<br>缺点是推入集装箱后，需要工人进入集装箱用钢丝绳固定。<br>涉及的打包材料有H型钢、槽钢、角钢、吊耳板、钢丝绳、木方、珍珠棉等 |

**5.14.2**　钢结构运输方式有公路运输、铁路运输、水路运输，或者不同运输方式联运，成本对比可参见表 5.14.2。

表 5.14.2  钢构件运输方式适用性及成本对比

| 运输方式 | 公路运输 | 铁路运输 | 水路运输 |
|---|---|---|---|
| 成本 | 高 | 中 | 低 |
| 说明 | 1. 钢结构运输的主要形式；<br>2. 灵活方便，机动快速，广泛适用；<br>3. 运输成本高，运输尺寸受限 | 1. 运输能力大，构件尺寸受铁路运输尺寸限制；受铁路货运路线、班次影响；<br>2. 构件需多次倒运；<br>3. 运费较低，运输速度较快 | 1. 载重量大、成本低、运输尺寸较大；<br>2. 灵活性小，较适于担负大宗、低值、笨重和各种散装货物的中长距离运输，特别是海运，更适于承担各种外贸货物的进出口运输；<br>3. 起运地至到达地需要有港口码头；<br>4. 构件需多次倒运；<br>5. 运费低，运输周期长 |

**5.14.3** 运输方案应根据钢结构构件的规格、尺寸、运输地点、发货计划等制定，应按实计价。

**5.14.4** 运输难度和运输成本应根据构件的截面尺寸、长度、重量不同确定，钢结构尺寸对运费的影响可参见表 5.14.4。

表 5.14.4  钢结构尺寸对运费的影响

| 构件特点 | 常规构件 | 超长、宽、高、重构件 |
|---|---|---|
| 成本 | 一般 | 高 |

# 第6章　钢结构配件与制品计价

## 6.1　一　般　规　定

**6.1.1**　钢结构配件与制品费用分为采购费用和安装费用。

**6.1.2**　非标配件与制品应根据设计参数及技术要求，由专业厂家进行深化设计并加工。

## 6.2　配件与制品

**6.2.1**　紧固件、预埋件、连接件应根据规格、尺寸、表面处理等要求进行计价。

**6.2.2**　销轴应由设计定型、专业加工厂家进行深化设计并加工。

**6.2.3**　关节轴承包括普通关节轴承、向心关节轴承等类型，根据轴承类型、承载力、规格尺寸等要求进行计价。

**6.2.4**　拉索由索体、锚具和调节端等零部件组成。根据产品类型、材质、规格、技术参数等要求进行计价。

**6.2.5**　拉杆由杆身、调节套筒和锚具等组成，拉杆杆身按材质可分为钢拉杆和不锈钢拉杆，根据产品类型、材质、规格、技术参数等要求进行计价。

**6.2.6**　索夹是连接不同方向拉索的节点装置，根据索夹尺寸、材质、表面处理和涂装等要求进行计价。

**6.2.7**　铸钢件与锻件应由设计定型、专业加工厂家进行优化设计并加工，根据牌号、规格尺寸、技术参数、热处理及表面处理等工艺要求进行计价。

**6.2.8**　钢结构支座、消能阻尼器、隔震装置等功能件应由设计定型、专业加工厂家进行优化设计并加工，根据产品类型、设计技术参数、规格尺寸以及特殊功能进行计价。

**6.2.9**　金属围护系统中的滑动座、抗风夹、堵头、气楼等功能件，根据规格、尺寸及技术要求进行计价。

**6.2.10** 金属楼承板根据类型、板型、厚度、材质等技术参数进行计价。

# 第7章 钢结构安装计价

## 7.1 一 般 规 定

**7.1.1** 钢结构工程可分为单层建筑钢结构、多高层建筑钢结构、高耸钢结构、厂房及仓库钢结构、大跨度及空间钢结构和市政桥梁钢结构等。

**7.1.2** 应根据钢结构形式、工期、质量、安全、文明施工等不同要求编制施工方案，并根据施工方案进行钢结构安装等计价。影响计价的因素主要包括下列内容：

    **1** 安装工艺。

    **2** 施工临时道路及场地。

    **3** 垂直运输设备。

    **4** 结构类型及测量控制难度。不同钢结构类型测量控制难度及成本对比可参见表 7.1.2-1。

表 7.1.2-1　不同钢结构类型测量控制难度及成本对比

| 结构类型 | 框架、平面结构 | 空间结构、异形结构 | 超高层结构 |
|---|---|---|---|
| 测量难度 | 一般 | 高 | 高 |
| 测量工作量 | 一般 | 大 | 大 |
| 测量成本 | 一般 | 高 | 高 |

    **5** 焊接难度。常用钢材分类及成本对比分别可参见表 7.1.2-2、表 7.1.2-3。

表 7.1.2-2　常用钢材分类

| 类别号 | 标称屈服强度 | 钢材牌号举例 | 对应标准号 |
|---|---|---|---|
| I | ≤295MPa | Q195、Q215、Q235、Q275 | GB/T 700 |
| | | Q295 | GB/T 1591 |

| 类别号 | 标称屈服强度 | 钢材牌号举例 | 对应标准号 |
|---|---|---|---|
| I | ≤295MPa | 20、25、15Mn、20Mn、25Mn | GB/T 699 |
| | | Q235q | GB/T 714 |
| | | Q235GJ | GB/T 19879 |
| | | Q235GNH | GB/T 4171 |
| | | Q235NH、Q295NH | GB/T 4172 |
| | | ZG 200-400H、ZG 230-450H、ZG 275-485H | GB/T 7659 |
| | | ZGD270-480、ZGD290-510 | GB/T 14408 |
| II | >295～370MPa | Q345 | GB/T 1591 |
| | | Q345q、Q370q | GB/T 714 |
| | | Q345GJ | GB/T 19879 |
| | | Q355GNH | GB/T 4171 |
| | | Q355NH | GB/T 4172 |
| | | ZGD345-570 | GB/T 14408 |
| III | >370～420MPa | Q390、Q420 | GB/T 1591 |
| | | Q390GJ、Q420GJ | GB/T 19879 |
| | | Q420q | GB/T 714 |
| | | Q415NH | GB/T 4172 |
| | | ZGD410-620 | GB/T 14408 |
| IV | >420MPa | Q460 | GB/T 1591 |
| | | Q460GJ | GB/T 19879 |
| | | Q460NH、Q500NH、Q550NH | GB/T 4172 |

注：国内新材料和国外钢材按其屈服强度级别归入相应类别。

表 7.1.2-3 不同焊接难度成本对比

| 焊接难度 | | 容易 | 一般 | 较难 | 难 |
|---|---|---|---|---|---|
| 成本 | | 低 | 一般 | 较高 | 高 |
| 影响因素 | 板厚 $t$ (mm) | $12<t\leqslant30$ | $30<t\leqslant60$ | $t\leqslant12$ 或 $60<t\leqslant100$ | $t>100$ |
| | Z 向性能 | | Z15 | Z25 | Z35 |
| | 钢材分类 | Ⅰ | Ⅱ | Ⅲ | Ⅳ |
| | 受力状态 | 一般静载拉、压 | 静载且板厚方向受拉或间接动载 | 直接动载、抗震设防烈度等于 7 度 | 直接动载、抗震设防烈度大于 7 度 |
| | 碳当量 $CEV$（%） | $CEV\leqslant0.38$ | $0.38<CEV\leqslant0.45$ | $0.45<CEV\leqslant0.5$ | $CEV>0.5$ |
| | 焊接位置 | 平焊 | 横焊 | 立焊 | 仰焊、全位置 |

注：根据表中影响因素所处最难等级确定整体焊接难度。

    **6** 临时支撑。

    **7** 安全措施。

    **8** 其他影响造价的因素。

**7.1.3** 钢结构支座、消能阻尼器、减隔震装置等特殊部件安装应制订专项安装方案，按实计价。

**7.1.4** 金属楼承板安装计价时应考虑以下因素：

    **1** 附属材料费用。

    **2** 楼承板与主体结构的支承构造费用。

    **3** 楼板开孔洞口补强措施费用。

    **4** 楼承板开孔、裁切等损耗费用。

    **5** 当超过楼承板免支撑跨度时，因浇筑混凝土时需设置的临时支撑费用。

    **6** 可拆卸式钢筋桁架楼承板的底板拆除费用。

**7.1.5** 当钢结构工程为超过一定规模的危险性较大工程时，安装难度及施工风险较大，成本较高。施工前应编制钢结构安装专项安全施工方案，经专家论证通过后方可实施。

## 7.2 单层及多、高层建筑钢结构安装

**7.2.1** 单层及多、高层建筑钢结构主要采用高空散装法安装。

**7.2.2** 高层建筑钢结构可采用塔式起重机进行安装。塔式起重机费用包括设备进出场费、装拆费、使用费以及与塔式起重机相关的措施费用。

**7.2.3** 附着式塔式起重机相关措施费用应包括下列项目：

**1** 基础费用。塔式起重机设置在结构上时的结构转换及加固费用。

**2** 附墙费用。包括附墙杆、附墙埋件、附墙处结构加固、附墙系统安装拆除以及装拆必要的安全措施等费用。

**3** 塔身基础高度之外的塔身标准节租赁费用。

**7.2.4** 内爬式塔式起重机相关措施费用应包括下列项目：

**1** 基础费用（采用独立工况安装塔式起重机时）。

**2** 爬升费用。包括爬升梁、埋件、支承处结构加固、爬升梁翻装、爬升作业以及必要的安全措施等费用。

**7.2.5** 外挂爬升塔式起重机相关措施费用应包括下列项目：

**1** 基础费用（采用独立工况安装塔式起重机时）。

**2** 爬升费用。包括外挂爬升支架、埋件、支承处结构加固、爬升支架翻装、爬升作业以及必要的安全措施等费用。

**7.2.6** 塔式起重机高空拆除相关费用应包括下列项目：

**1** 用以拆除塔式起重机的起重设备进出场费、装拆费、使用费等。

**2** 相关的结构加固费用。

**3** 拆除塔式起重机时对幕墙等已经施工完成的产品保护费用。

**7.2.7** 高层建筑钢桁架采用临时支撑辅助、散件安装时，应计

取临时支撑等费用。伸臂（外伸）桁架安装应计取节点临时连接措施费用。

**7.2.8** 钢板剪力墙安装应计取为防止平面外变形增加的肋板、侧向临时支撑等措施费用。

**7.2.9** 超高层建筑钢结构安装应计取施工模拟及预变形计算、施工控制及监测费用。

**7.2.10** 钢结构安装应根据高度制订完善的安全措施方案，并计取安全措施费用。

**7.2.11** 高空涂装作业应根据不同的施工环境计取相应的防护费用。

**7.2.12** 高层建筑钢结构安装应考虑作业高度对施工效率的影响，计取施工降效费用。

**7.2.13** 高层建筑顶部的大型阻尼器应编制专项安装方案，并按方案计取安装费用。

## 7.3 高耸钢结构安装

**7.3.1** 高耸钢结构安装方法主要有高空散件（单元）安装、整体起扳安装和整体提升（顶升）安装等方法。

**7.3.2** 高耸钢结构采用高空散件安装时，计价可参考高层建筑钢结构安装，并根据结构特点调整费用。

**7.3.3** 高耸钢结构采用整体起扳方法安装时，措施费用应包括下列项目：

 **1** 现场卧拼胎架费用。

 **2** 拼装起重设备费用。

 **3** 结构加固费用。

 **4** 整体起扳费用。

 **5** 安全措施费用。

**7.3.4** 高耸钢结构采用整体提升（顶升）方法安装时，措施费用应包括下列项目：

 **1** 现场拼装胎架费用。

**2** 拼装起重设备费用。

**3** 结构加固费用。

**4** 整体提升（顶升）费用。

**5** 安全措施费用。

**7.3.5** 高耸钢结构安装应计取施工模拟及预变形计算、施工控制和监测费用。

## 7.4 厂房、仓储钢结构安装

**7.4.1** 厂房、仓储钢结构安装主要采用散件流水或综合安装方法。

**7.4.2** 厂房、仓储钢结构安装费用应考虑以下因素：

**1** 临时设施费。

**2** 装卸费。

**3** 二次倒运费。

**4** 检测费。

**5** 环境保护设施费。

**6** 冬、雨期施工费。

**7.4.3** 厂房、仓储钢结构与基础的连接方式有螺栓连接、插入式杯口连接以及外包混凝土柱脚等，应计取相应的临时稳定措施，调整费用差异。

**7.4.4** 需要在楼板等结构上进行吊装时，应计取相应的楼板等结构加固费用以及楼板等产品保护费。

**7.4.5** 厂房、仓储钢结构安装应计取安装过程的临时稳定措施费用。

**7.4.6** 吊车梁的安装应计取精调措施费用。

**7.4.7** 屋面、墙面檩条及支撑等次结构构件应根据不同形式、安装高度及安装方法进行计价。常用次结构安装方式成本对比可参见表 7.4.7。

表 7.4.7　次结构安装方式成本对比

| 安装方式 | 人工及滑轮作业 | 梯笼作业 | 登高车及吊机作业 |
|---|---|---|---|
| 成本 | 一般 | 中 | 高 |
| 说明 | 适用于单根构件质量轻、安装高度不高的情况 | 适用于单根构件质量轻且安装高度较高的情况，需要考虑梯笼移动及人员上下的工时损耗 | 全部采用屈臂登高车作业或吊篮作业，单根构件较重，采用吊机安装，应考虑机械租赁费 |

**7.4.8**　厂房、仓储钢结构通常覆盖面积广、跨度大、离地高度高，应根据不同的安全文明施工要求计取安全措施费用。

**7.4.9**　现场焊接需计取相应的高空作业及检测费用。

## 7.5　大跨度及空间钢结构安装

**7.5.1**　大跨度及空间钢结构的安装方法主要有高空散装（包括高空悬拼安装）、分条或分块吊装、整体吊装、单元或整体滑移、单元或整体提升（或顶升）（包括折叠展开提升）等方法，也可以采用多种方法组合安装。

**7.5.2**　大跨度及空间钢结构需要现场进行拼装的，拼装费用应包括下列项目：

　　**1**　拼装场地及加固处理相关费用。

　　**2**　拼装胎架费用。

　　**3**　拼装所需的起重设备相关费用。

　　**4**　拼装所需的安全措施费用。

　　**5**　拼装所需的人工、测量、焊接以及辅助机具等费用。

**7.5.3**　大跨度及空间钢结构安装过程中结构单元未形成空间刚度，应计取为保证结构安全和稳定而采取的加强或加固措施费用。

**7.5.4**　大跨度及空间网格钢结构应计取施工模拟及预变形计算、施工控制和监测费用。

**7.5.5** 大跨度及空间钢结构安装应根据施工方案计取相应的安全措施费用。

**7.5.6** 大跨度及空间钢结构安装时下部成品需要保护时应计取相应的防护费用。

**7.5.7** 采用高空散拼安装时，应包括临时支承结构的费用：

**1** 临时支承结构的设计、加工（或租赁）、运输、安装费用。

**2** 临时支承结构的基础及加固费用。

**3** 临时支承结构卸载及拆除费用。

**7.5.8** 采用分条或分块吊装方法安装时，应包括以下费用：

**1** 临时支承结构相关费用。

**2** 结构局部加固补强费用。

**7.5.9** 采用整体吊装方法安装时，应包括由于结构受力改变而引起的临时加固补强费用。

**7.5.10** 采用单元或整体滑移方法安装时，应包括以下费用：

**1** 滑移施工方案设计计算及实施技术服务费。

**2** 滑移轨道（及滑移架体）的加工（或租赁）、运输、装拆费及损耗费。

**3** 滑移轨道（及滑移架体）下部基础或支承结构的加固费。

**4** 滑移设备的运输、安装、使用及拆除费。

**5** 滑移单元或整体结构的临时加固补强费。

**6** 滑移施工纠偏及结构就位措施费。

**7** 滑移施工监测费用。

**8** 滑移点位处结构的修复费用。

**7.5.11** 采用单元或整体提升（或顶升）法进行大跨度及空间钢结构安装，计价时应包括以下费用：

**1** 提升（或顶升）施工方案设计计算及实施技术服务费。

**2** 提升（或顶升）支架的加工（或租赁）、运输、装拆费及损耗费。

**3** 提升（或顶升）支架下部基础或支承结构的加固费。

**4** 提升（或顶升）设备的运输、安装、拆除及使用费。

**5** 提升（或顶升）单元或整体结构的临时加固补强费。

**6** 提升（或顶升）施工纠偏及结构就位措施费。

**7** 提升（或顶升）施工监测费。

**8** 提升（或顶升）点位处结构的修复费。

**7.5.12** 采用分条或分块吊装、滑移安装、提升（或顶升）安装时，需计取高空结构补缺相应的费用。

**7.5.13** 空间网格结构安装计价应考虑以下因素：

**1** 网格尺寸在 3m 以下、截面高度≤200mm 的箱形或异形构件组成的空间网格结构安装时成本相对较高。

**2** 网格结构（尤其是自由曲面网架、箱形或异形构件组成的空间网格结构）安装定位难度及焊接难度。

**7.5.14** 张弦结构安装计价应考虑以下因素：

**1** 张弦索（或拉杆）的吊装、张拉费用。

**2** 张拉反力架费用。

**3** 张拉施工计算及监测费用。

**4** 安全措施费用。

**7.5.15** 索结构安装计价应考虑以下因素：

**1** 放索、安装、分级张拉费用。

**2** 索安装临时支撑及张拉反力架费用。

**3** 施工计算及监测费用。

**4** 安全措施费用。

**5** 索体保护措施费用。

**7.5.16** 膜结构安装计价应考虑以下因素：

**1** 膜材裁剪补偿费用。

**2** 膜材补强费用。

**3** 膜材搬运设备费用。

**4** 膜材展开平台费用。

**5** 膜材就位及张拉费用。

**6** 膜固定装置费用。

**7** 高空操作平台等安全措施费用。

**8** 安装过程施工计算及施工监测费用。

**9** 膜成品保护措施费用。

## 7.6 市政桥梁钢结构安装

**7.6.1** 市政桥梁钢结构主要包括城市道路高架桥以及跨越道路、铁路、河道等各类跨线桥，包括人行桥、车行桥、管线桥等。市政桥梁钢结构通常多为梁桥（实腹梁、桁架梁）、拱桥、斜拉桥等类型。桥面结构主要有钢板梁、钢箱梁、钢混组合梁（或称叠合梁）等形式。

**7.6.2** 市政桥梁钢结构安装方法主要有地面起重机吊装、浮吊吊装、桥面吊机安装、架桥机安装、滑移安装、转体安装等。

**7.6.3** 市政桥梁钢结构施工，当需要占用红线外场地时，应计取相应的场地借地费用；当需要占路施工时，应计取道路翻交、保护和恢复等措施费用。

**7.6.4** 市政桥梁钢结构施工时，应计取受施工影响的地下、地上管线保护（或搬迁）等费用以及受影响的建（构）筑物的保护费用。

**7.6.5** 在河岸边施工时，应对驳岸的安全影响进行评估，如需采取加固保护措施的，应计取相应的费用。

**7.6.6** 采用浮吊安装时，应对浮吊经过及作业区域的河道水深进行勘探，水深不足的应进行清淤处理，计价时应计取相应的勘探及清淤费用。

**7.6.7** 市政桥梁钢结构施工应按交通管理要求设置交通疏导、安全标识，交通安全防护等措施，计价时应计取相应的费用。

**7.6.8** 钢箱梁等构件应计取构件加强或加固措施费用。

**7.6.9** 市政桥梁钢结构需要现场拼装的，应计取拼装相关费用，包括下列项目：

**1** 拼装场地及加固处理费用。

**2** 拼装所需的起重设备相关费用。

**3** 拼装胎架费用。

**4** 拼装所需的安全措施费用。

**7.6.10** 市政桥梁钢结构安装所需的临时支承结构计价时应考虑下列因素：

**1** 临时支承结构的设计、加工（或租赁）、运输、安装费用。

**2** 临时支承结构的基础及加固费用。

**3** 临时支承结构的卸载及拆除费用。

**4** 临时支承结构的防撞措施费用。

**7.6.11** 采用单元或整体滑移方法安装市政桥梁钢结构时应考虑下列费用：

**1** 滑移施工方案设计计算及实施技术服务费。

**2** 滑移轨道（及滑移架体）的加工（或租赁）、运输、装拆费及损耗费。

**3** 滑移轨道（及滑移架体）下部基础或支承结构的加固费。

**4** 滑移设备的运输、安装、拆除及使用费。

**5** 滑移单元或整体结构的临时加固补强费。

**6** 滑移施工纠偏及结构就位措施费。

**7** 滑移施工监测费。

**8** 滑移点位处结构的修复费用。

**7.6.12** 采用单元或整体提升（或顶升）方法安装市政桥梁钢结构时，应考虑下列费用：

**1** 提升（或顶升）施工方案设计计算及实施技术服务费。

**2** 提升（或顶升）支架的加工（或租赁）、运输、装拆费及损耗费。

**3** 提升（或顶升）支架下部基础或支承结构的加固费。

**4** 提升（或顶升）设备的运输、安装、拆除及使用费。

**5** 提升（或顶升）单元或整体结构的临时加固补强费。

**6** 提升（或顶升）施工纠偏及结构就位措施费。

**7** 提升（或顶升）施工监测费用。

**8** 提升（或顶升）点位处结构的修复费用。

**7.6.13** 采用转体方法安装市政桥梁钢结构时，应考虑下列费用：

**1** 转体施工方案设计计算及实施技术服务费。

**2** 转动支承系统费用。

**3** 平衡系统费用。

**4** 转动牵引系统费用。

**5** 转体施工过程中结构的临时加固补强费用。

**6** 转体施工纠偏及结构就位措施费用。

**7** 转体施工监测费用。

**7.6.14** 市政桥梁钢结构索（或拉杆）的安装应包括下列费用：

**1** 放索、安装、分级张拉费用。

**2** 索（或拉杆）安装临时支撑及张拉反力架费用。

**3** 施工计算及监测费用。

**4** 安全措施费用。

**5** 索体保护措施费用。

**7.6.15** 市政桥梁钢结构安装时应计取相应的安全措施费用。水上施工时，应计取水上作业安全措施费用。

**7.6.16** 箱形构件等封闭截面内部焊接时应考虑必要的通风、照明措施，计价时应计取相应的费用。

**7.6.17** 市政桥梁钢结构夜间施工时应考虑相应的照明、安全等措施，计价时应计取相应的费用。

## 7.7 其他钢结构安装

**7.7.1** 装配式建筑钢结构的安装计价参考多、高层建筑钢结构，并根据装配式建筑钢结构特点进行相应调整。

**7.7.2** 异形钢结构安装应根据不同的结构形式和形态、安装方法进行计价，应考虑下列因素：

**1** 临时支撑相关费用。

**2** 复杂测量定位费用。

**7.7.3** 悬挑或悬挂钢结构安装应根据结构特点、安装方法及设计施工要求进行计价，应考虑下列因素：

**1** 临时支撑相关费用。

**2** 结构临时加强加固费用。

**3** 施工过程结构分析及施工监测、控制费用。

**4** 特殊安全措施费用。

**7.7.4** 建筑外露钢结构安装应根据不同的外露要求进行计价，应考虑下列因素：

**1** 材料构件堆场费用。

**2** 吊装工具费用。

**3** 临时支撑相关费用。

**4** 安全操作设施费用。

**5** 安装精度控制费用。

**6** 外观处理费用。

**7** 成品保护费用。

## 7.8 加固及改建钢结构安装

**7.8.1** 既有钢结构工程加固、改建前应按照相关检测与鉴定标准进行检测、鉴定与内力状态评定，计价时应包括相关检测鉴定费用。

**7.8.2** 既有钢结构工程改建前的受力状态计算应按国家现行结构鉴定标准的规定进行计算。

**7.8.3** 下列既有钢结构建筑的改建应进行施工过程结构分析：

**1** 建筑高度不小于 100m 的高层建筑结构；

**2** 柔性空间结构或刚性大跨度空间结构；

**3** 带有不小于 18m 悬挑楼盖或 20m 悬挑屋盖的结构；

**4** 其他有分析需求的工程结构。

**7.8.4** 钢结构加固、改建施工计价时应考虑下列因素：

**1** 施工过程结构分析及监测费用。

**2** 结构临时加固、临时支承结构或其他临时措施费用。

**3** 焊接加固时的结构卸荷措施费用。

**4** 新旧结构连接施工费用。

**5** 施工降效引起的成本增加。

# 第8章 钢结构防腐与防火计价

## 8.1 一般规定

**8.1.1** 钢结构防腐、防火施工根据设计及涂层构造要求编制专项施工方案,依据方案进行计价。

**8.1.2** 钢结构防腐、防火施工应根据施工条件计取相应的安全措施费用。

**8.1.3** 钢结构防腐、防火施工应根据施工环境计取相应的产品保护费用。

## 8.2 钢结构防腐

**8.2.1** 钢结构防腐涂层可分为底层、中间层和面层,应考虑钢构件运输、堆放及安装全过程涂层保护及修复费用。

**8.2.2** 钢结构除锈前要进行除油及污染物清理,成本对比可参见表 8.2.2。

表 8.2.2　钢结构除锈前表面清理方法成本对比

| 清理 | 擦拭 | 高压水清洗 | 浸泡 |
|---|---|---|---|
| 成本 | 一般 | 中 | 高 |
| 说明 | 1. 适用于局部存在油污、探伤液等污染物的表面,用溶剂或水进行擦拭清洗;<br>2. 效率低,但能满足生产需求 | 1. 适用于大面积存在油污、探伤液、氯离子等污染物的表面,要使用高压水冲洗;<br>2. 水中可能需要添加洗涤剂和(或)加热;<br>3. 效率高,效果好 | 1. 适用于大面积存在油污、探伤液、氯离子等污染物的表面,且油污存在于内部或缝隙内,要使用浸泡方式;<br>2. 浸泡需要专门的浸泡池和洗涤剂,浸泡结束后还要用干净的淡水进行漂洗或冲洗;<br>3. 效率高,效果好 |

**8.2.3** 钢结构除锈前需进行结构缺陷处理，成本对比可参见表8.2.3。

表8.2.3 钢结构除锈前结构缺陷处理成本对比

| 缺陷处理 | P1级 | P2级 | P3级 |
|---|---|---|---|
| 成本 | 一般 | 中 | 高 |
| 说明 | 1. P1级为轻度处理，在涂覆涂料前不需处理或仅进行最小程度的处理；<br>2. 通常适用于环境好、防腐年限短的项目，仅对缺陷简单处理，部分缺陷不需要处理 | 1. P2级为彻底处理，大部分缺陷已被清除；<br>2. 通常适用于防腐环境中等、防腐年限中等或长的项目，对缺陷更为彻底地处理 | 1. P3级为非常彻底处理，表面无重大的可见缺陷；<br>2. 通常适用于环境差、防腐年限长的项目，对所有缺陷非常彻底地处理，尤其是焊缝和边缘的处理，费用很高 |

**8.2.4** 钢结构除锈可采用动力工具、抛丸机、大型喷砂房进行处理，成本对比可参见表8.2.4。

表8.2.4 钢结构除锈方式成本对比

| 除锈 | 动力工具 | 抛丸机 | 大型喷砂房 |
|---|---|---|---|
| 成本 | 低 | 中 | 高 |
| 说明 | 1. 除锈位置不受限制；<br>2. 构件尺寸大小不受限制；<br>3. 除锈效果差，粗糙度低；<br>4. 除锈效率低 | 1. 除锈位置受限；<br>2. 构件尺寸大小有限制；<br>3. 能正常除锈到的位置除锈效果好，反之效果差；<br>4. 除锈效率高 | 1. 除锈位置不受限制；<br>2. 构件尺寸不受限制；<br>3. 除锈效果好；<br>4. 除锈效率高 |

**8.2.5** 钢结构除锈等级根据设计文件要求确定，成本对比可参见表8.2.5。

表 8.2.5　钢结构除锈等级成本对比

| 除锈等级 | St3 级 | Sa2 $\frac{1}{2}$ 级 | Sa3 级 |
|---|---|---|---|
| 成本 | 一般 | 中 | 高 |
| 说明 | 1. St3 级为非常彻底的手工和动力工具清理，所有附着不牢的污染物都清理干净；<br>2. 使用手工和动力工具除锈，清理效果比喷射差，效率也更低；<br>3. 适用于局部清理或维修 | 1. Sa2 $\frac{1}{2}$ 级为非常彻底的喷射清理，所有附着不牢固及牢固的污染物都清理干净，只允许残留一些轻微的点状或条纹状色斑；<br>2. 使用喷砂或抛丸设备除锈，清理效率和效果比手工和动力工具更佳；<br>3. 适用于不同尺寸的钢结构构件或分段（抛丸清理的工件尺寸可能受限，要根据实际情况而定） | 1. Sa3 级为使钢材表观洁净的喷射清理，所有污染物都被清理干净，基材表面呈现出均匀洁净的金属光泽；<br>2. 使用喷砂或抛丸设备除锈，清理效率和效果比手工和动力工具更佳；<br>3. 需要花费最多的处理时间；<br>4. 适用于不同尺寸的钢结构构件或分段（抛丸清理的工件尺寸可能受限，要根据实际情况而定） |

**8.2.6** 钢结构防腐主要包括涂装、热浸镀锌、热喷金属三种方式，成本对比可参见表 8.2.6-1～表 8.2.6-3。

表 8.2.6-1　钢结构防腐方式成本对比

| 防腐 | 涂装 | 热浸镀锌 | 热喷金属 |
|---|---|---|---|
| 成本 | 一般 | 高 | 较高 |
| 说明 | 1. 适用于所有场合；<br>2. 防腐性能总体比金属涂层低；<br>3. 普通涂料的施工工具和设备简单；<br>4. 普通涂料成本低 | 1. 仅适用于工厂车间作业场合；<br>2. 工件的尺寸和质量受限；<br>3. 防腐性能好；<br>4. 纯金属涂层成本高 | 1. 适用于所有场合；<br>2. 防腐性能好；<br>3. 纯金属涂层成本高；施工设备成本高；<br>4. 结构表面需除油；结构边缘倒角至少 R2；需打磨火焰切割边硬化层；<br>5. 结构表面除锈等级为 Sa3 级，粗糙度为 $60\sim100\mu m$，压缩空气无油水；<br>6. 金属层喷涂结束后 4h 内需喷涂封闭漆 |

表 8.2.6-2　热喷金属防腐喷涂方式成本对比

| 喷涂方式 | 火焰喷涂 | 电弧喷涂 |
|---|---|---|
| 成本 | 一般 | 高 |
| 说明 | 1. 适用于小面积喷涂或局部修补；<br>2. 漆雾少，成膜好；<br>3. 喷涂效率低；<br>4. 设备和使用成本低 | 1. 适用于大面积喷涂，局部不适用；<br>2. 漆雾大，成膜差，烟尘大；<br>3. 喷涂效率高；<br>4. 设备和使用成本高 |

表 8.2.6-3　钢结构涂装方法成本对比

| 涂装方法 | 手工施涂 | 有气喷涂 | 无气喷涂 |
|---|---|---|---|
| 成本 | 一般 | 中 | 高 |
| 说明 | 1. 施涂位置不受限制；<br>2. 施涂效率低；<br>3. 涂层外观差 | 1. 施涂局部位置受限；<br>2. 施涂效率较高；<br>3. 涂层外观好 | 1. 施涂局部位置受限；<br>2. 施涂效率很高；<br>3. 涂层外观中等 |

**8.2.7**　应环保要求，钢结构制成品件喷涂需在封闭的、可收集挥发性有机气体（VOCs）的喷涂房内进行，计价时应考虑相应的费用。

## 8.3　钢结构防火涂装

**8.3.1**　钢结构防火涂料一般在钢结构安装及节点补漆完成之后进行。当要求在工厂完成防火涂装时，计价时应增加工厂到现场安装全过程的涂层保护措施费用。

**8.3.2**　钢结构防火涂装前需要对构件表面进行清理。清理方法主要有手工清理、工具清理等，成本对比可参见表 8.3.2。

表 8.3.2　钢结构防火涂装前基层清理方式成本对比

| 清理方法 | 手工清理 | 工具清理 |
|---|---|---|
| 成本 | 一般 | 中 |
| 说明 | 1. 适用于基层局部存在浮灰、杂质和油污的表面；<br>2. 采用水、溶剂进行擦拭 | 1. 适用于基层局部有混凝土浮浆的表面；<br>2. 采用电动工具进行凿除、打磨 |

**8.3.3** 钢结构防火涂料分为非膨胀型防火涂料和膨胀型防火涂料。同类防火涂料满足钢结构耐火极限要求越高，涂层厚度越厚，材料和施工成本越高。

**8.3.4** 钢结构防火涂料施工方法分为喷涂、抹涂，成本对比可参见表8.3.4-1、表8.3.4-2。

表 8.3.4-1 非膨胀型防火涂料施工方法成本对比

| 施工方法 | 一般设备喷涂 | 抹涂 | 专用设备喷涂 |
|---|---|---|---|
| 成本 | 一般 | 中 | 高 |
| 说明 | 1. 采用一般喷涂设备，适用于水泥基非膨胀型防火涂料施工，一般作为隐蔽工程；<br>2. 最高可满足4h耐火极限要求；<br>3. 材料成本低；<br>4. 施工效率一般；<br>5. 材料损耗大；<br>6. 施工时对环境保护要求较高；<br>7. 表面粗糙，平整度较差；防火涂料表面较难做饰面层 | 1. 采用手工抹涂，适用于水泥基非膨胀型防火涂料施工，一般作为隐蔽工程，外露需增加饰面层；<br>2. 最高可满足4h耐火极限要求；<br>3. 材料成本低；<br>4. 施工效率低；<br>5. 材料损耗少；<br>6. 施工时对环境保护要求较低；<br>7. 表面基本平整，防火涂料表面可做饰面层 | 1. 采用专用喷涂设备，适用于石膏基非膨胀型防火涂料施工，一般作为隐蔽工程；<br>2. 最高可满足4h耐火极限要求；<br>3. 材料成本较高；<br>4. 施工效率高；<br>5. 材料损耗大；<br>6. 施工时对环境保护要求较高；<br>7. 表面呈颗粒状，基本平整较好，防火涂料表面较难做饰面层 |

表 8.3.4-2 膨胀型防火涂料施工方法成本对比

| 施工方法 | 一般设备喷涂 | 滚涂 | 专用设备喷涂 |
|---|---|---|---|
| 成本 | 一般 | 中 | 高 |
| 说明 | 1. 采用一般喷涂设备，适用于非环氧类膨胀型防火涂料施工，一般作为室内外露工程；<br>2. 宜作为不大于1.5h耐火极限要求的防火保护； | 1. 采用手工滚涂，适用于室内非环氧类膨胀型防火涂料小面积施工；<br>2. 宜作为不大于1.5h耐火极限要求的防火保护； | 1. 采用专用喷涂设备，设备成本高，适用于环氧类膨胀型防火涂料施工，一般作为室外外露工程；<br>2. 最高可满足3h耐火极限要求； |

| 施工方法 | 一般设备喷涂 | 滚涂 | 专用设备喷涂高 |
|---|---|---|---|
| 说明 | 3. 材料成本高；<br>4. 施工效率高；<br>5. 材料损耗大；<br>6. 施工时对环境保护要求较高；<br>7. 表面平整度较好，防火涂料表面可做饰面层 | 3. 材料成本高；<br>4. 施工效率低；<br>5. 材料损耗小；<br>6. 施工时对环境保护要求较低；<br>7. 表面粗糙，平整度较差，防火涂料表面可做饰面层 | 3. 材料成本极高；<br>4. 施工效率高；<br>5. 材料损耗大；<br>6. 施工时对环境保护要求较高；<br>7. 表面基本平整，防火涂料表面可做饰面层 |

# 第9章 金属围护系统计价

## 9.1 一般规定

**9.1.1** 钢结构金属围护系统计价分为工厂和现场两部分。

**9.1.2** 工厂部分是指产品在加工厂制作完成，计价应包括：

 **1** 详图设计费。

 **2** 原材料、制作加工费（含废料和辅材）。

 **3** 配件费。

 **4** 包装运输费。

**9.1.3** 现场部分是指产品到工地后的卸货、保管、倒运、吊装、就位固定、移动或固定安装平台、图纸要求的现场切割或少量加工、检验、验收等环节，应计入安装费中。

**9.1.4** 屋、墙面和保温棉宜采用覆盖面积计算，计量单位为 m²；泛水饰边、天沟和落雨管等宜采用名义长度计算，计量单位为 m；开口宜按同规格的数量或周长分别统计；产品的搭接长度（或面积）计入综合单价中。

## 9.2 金属屋面系统

**9.2.1** 屋面系统一般包括屋面外板、保温棉、屋面内板、檩条、屋面气楼、屋面采光板等。

**9.2.2** 屋面板常用基材有不锈钢板、铝镁锰合金板、热镀铝锌镁板、热镀铝锌板、热镀锌板等，成本对比可参见表 9.2.2。

表 9.2.2　屋面板基材成本对比

| 基材 | 不锈钢板、铝镁锰合金板 | 热镀铝锌镁板（含量 165g/m² 或 150g/m²） | 热镀铝锌板（含量 150g/m²）、热镀锌板（含量 275g/m²） | 热镀铝锌板（含量 100g/m²）、热镀锌板（含量 180g/m²） |
|---|---|---|---|---|
| 成本 | 较高 | 高 | 中 | 一般 |

**9.2.3**　彩色屋面板常用涂层有聚偏氟乙烯漆、特殊纳米强化聚酯漆、高耐候聚酯漆、硅改性聚酯漆、普通聚酯漆，成本对比可参见表 9.2.3。

表 9.2.3　屋面板涂层成本对比

| 涂层 | 聚偏氟乙烯、特殊纳米强化聚酯漆 | 高耐候聚酯漆、硅改性聚酯漆 | 普通聚酯漆 |
|---|---|---|---|
| 成本 | 高 | 中 | 一般 |

**9.2.4**　屋面板板型主要有卷边板、扣合板和打钉板，成本对比可参见表 9.2.4。

表 9.2.4　屋面板板型成本对比

| 板型 | 卷边板 | 扣合板 | 打钉板 |
|---|---|---|---|
| 成本 | 高 | 中 | 一般 |

**9.2.5**　屋面外板按设计图示尺寸以水平投影面积计算。当屋面坡度大于 8% 时，可按实际展开面积计算，内天沟、女儿墙、屋脊气楼和采光板所占面积可予以扣除，现场开口和不足整块板的洞口面积不予扣除。

**9.2.6**　屋面内板的计算规则同屋面外板，但是仅屋脊气楼所占的面积可予以扣除，各接口处的收边板费用应计入。

**9.2.7**　保温棉计算一般不扣除屋面洞口的面积，计价时要注明保温棉的类型、贴面、容重和厚度等。

**9.2.8**　屋面山墙饰边、屋面与墙面和内天沟接口处的泛水板、女儿墙顶的压顶盖板和屋脊盖板等的工程量和价格单列。

**9.2.9** 屋面天沟材质主要有不锈钢内天沟、彩板外天沟。天沟按设计图示尺寸计算长度，以米计，成本对比可参见表9.2.9。

表9.2.9 屋面天沟材质成本对比

| 板型 | 不锈钢内天沟 | 彩板外天沟 |
|------|------------|-----------|
| 成本 | 高 | 中 |

**9.2.10** 落雨管按设计图示尺寸计算长度，设计未标注尺寸的，以檐口到室外地面的垂直距离计算，计量单位为 m。

**9.2.11** 天沟集水盒宜按套数单列，可并入落雨管价格内。

**9.2.12** 屋面开口支座要包括四周密封、加固、泛水板、保温块和支座本体等材料，以套数统计，按本体材质不同价格单列。

**9.2.13** 屋面采光板按布置形式分为点式和条式两种，按是否保温又分为单层和双层，可按块数或面积计算工程量，价格宜包含与屋面板的连接件和密封材料，有屋面内衬板的还需包括与内板连接处的收边。

**9.2.14** 屋面气楼按米计量，屋面风机按套计量，屋面顺坡气楼和排烟天窗按平方米计量。

**9.2.15** 屋面安装应考虑建筑高度、建筑周围施工中的地面条件，建筑高度对成本的影响可参见表9.2.15。

表9.2.15 建筑高度对成本的影响

| 建筑高度 | 小于等于13m | 大于13m、小于等于18m | 大于18m |
|---------|-----------|---------------------|--------|
| 成本 | 一般 | 中 | 高 |

**9.2.16** 金属屋面系统安装类型主要有打钉连接屋面外板、固定座及卷边连接屋面外板以及带底衬板屋面等，成本对比可参见表9.2.16。

表 9.2.16　金属屋面系统安装类型成本对比

| 安装类型 | 打钉连接屋面外板 | 扣合及卷边连接屋面外板 | 带底衬板屋面 |
|---|---|---|---|
| 成本 | 一般 | 中 | 高 |
| 说明 | 适用于面积较小、防水要求不高的建筑，如雨篷、室外附房、简易仓库、辅助用房等 | 适用于面积较大、防水要求高的建筑，如主厂房、物流仓库等。采用现场压型屋面板时，需考虑现场压型费用 | 适用于保温及密闭性能要求较高的洁净厂房、主要生产车间等建筑。当需要在屋面檩条下铺设底衬板时，需要考虑相应的高空升降车、曲臂车或脚手架工作平台费用 |

**9.2.17**　根据不同的安全文明施工要求确定金属屋面系统施工安全费用。

## 9.3　金属墙面系统

**9.3.1**　墙面系统包括墙面外板、内板、内隔墙、保温棉、墙梁、门窗及洞口饰边和门上小雨篷等。

**9.3.2**　墙面板常用基材有不锈钢板、铝镁锰合金板、热镀铝锌镁板、热镀铝锌板和热镀锌板等，成本对比可参见表 9.3.2。

表 9.3.2　墙面板基材成本对比

| 基材 | 不锈钢板、铝镁锰合金板 | 热镀铝锌镁板（含量 150g/m²） | 热镀铝锌板（含量 150g/m²）、热镀锌板（含量 275g/m²） | 热镀铝锌板（含量 100g/m²）、热镀锌板（含量 180g/m²） |
|---|---|---|---|---|
| 成本 | 较高 | 高 | 中 | 一般 |

**9.3.3**　墙面板常用涂层有聚偏氟乙烯漆、特殊纳米强化聚酯漆、高耐候聚酯漆、硅改性聚酯漆和普通聚酯漆等，成本对比可参见表 9.3.3。

表 9.3.3　墙面板涂层成本对比

| 涂层 | 聚偏氟乙烯漆、<br>特殊纳米强化聚酯漆 | 高耐候聚酯漆、<br>硅改性聚酯漆 | 普通聚酯漆 |
|---|---|---|---|
| 成本 | 高 | 中 | 一般 |

**9.3.4**　墙板按照复合地点分为夹芯板和现场复合板，成本对比可参见表 9.3.4。

表 9.3.4　不同复合板成本对比

| 板型 | 夹芯板 | 现场复合板 | |
|---|---|---|---|
| | | 现场扣合板 | 现场搭接板 |
| 成本 | 高 | 中 | 一般 |

**9.3.5**　墙板面积按设计图示尺寸计算，水平方向铺设时按整块板的倍数计算面积。墙面洞口按覆盖板型宽度的整数来扣除；不足板宽的洞口不予扣除，应考虑现场切割费用。墙面转角处的收边板宜计入墙面板的价格中。

**9.3.6**　墙面洞口四周的收边要考虑密封和加固等材料，收边按四周长度计算工程量。

**9.3.7**　墙面保温棉计算一般可扣除条窗的面积，计价时要注明保温棉的类型、贴面、容重和厚度等。

**9.3.8**　墙面板有特殊造型、特殊规格或特殊颜色等要求时可单独计价。

**9.3.9**　墙面安装应考虑建筑高度、建筑周围施工中的地面条件，建筑高度对成本的影响可参见表 9.3.9。

表 9.3.9　建筑高度对成本的影响

| 建筑高度 | 小于等于13m | 大于13m、小于等于18m | 大于18m |
|---|---|---|---|
| 成本 | 一般 | 中 | 高 |

**9.3.10**　金属墙面系统安装类型分为单层压型板竖铺、单层压型板横铺和夹芯板等，成本对比可参见表 9.3.10。

表 9.3.10 金属墙面系统安装类型成本对比

| 安装类型 | 单层压型板竖铺 | 单层压型板横铺 | 夹芯板 |
|---|---|---|---|
| 成本 | 一般 | 中 | 高 |
| 说明 | 适用于造型相对简单的墙面 | 适用于有一定建筑立面效果要求，造型相对复杂的墙面 | 适用于建筑立面效果要求较高，有较高造型要求的墙面 |

**9.3.11** 根据不同的安全文明施工要求确定金属墙面系统施工安全费用。

# 第10章 试验、检测及施工监测计价

## 10.1 钢结构试验

**10.1.1** 现行标准未涉及的新技术、新工艺、新材料和新设备，首次使用时应进行试验，并应根据试验结果确定所必须补充的标准，且应经专家论证。

**10.1.2** 钢结构计价时应考虑相关的试验费用。

## 10.2 钢结构质量检测

**10.2.1** 材料复验、构件性能检测和工艺验证应参照现行国家标准《钢结构工程施工质量验收标准》GB 50205 和《钢结构工程施工规范》GB 50755 执行。

**10.2.2** 连接钢结构的焊缝形式主要有全熔透焊缝、部分熔透焊缝和角焊缝，成本对比可参见表 10.2.2。

### 表 10.2.2 焊缝形式成本对比

| 焊缝形式 | 角焊缝 | 部分熔透焊缝 | 全熔透焊缝 |
|---|---|---|---|
| 成本 | 一般 | 中 | 高 |

**10.2.3** 钢结构的无损探伤方法主要有射线探伤、超声波探伤和磁粉探伤，成本对比可参见表 10.2.3。

### 表 10.2.3 常用无损探伤方法成本对比

| 焊缝形式 | 超声波探伤 | 磁粉探伤 | 射线探伤 |
|---|---|---|---|
| 成本 | 一般 | 中 | 高 |
| 说明 | 1. 最常规的钢结构的熔透焊缝检测方法；<br>2. 检测效率较高；<br>3. 无法检测材料近表面4mm范围；<br>4. 易确定缺陷的位置，但无法直观性体现 | 1. 用于表面及近表面3mm范围的表面缺陷检测；<br>2. 一般用于重要结构的表面裂纹检测；<br>3. 检测效率一般；<br>4. 仅能用于铁磁性材料 | 1. 常用于桥梁承受疲劳荷载的焊缝的探伤，如桥梁顶底板对接焊缝；<br>2. 检测效率较低，需要人员隔离清场工作，有一定的安全隐患；<br>3. 检测效果直观；<br>4. 仅能用于对接焊缝 |

**10.2.4** 高空检测时应制订检测方案，措施费用按实计价。

## 10.3 施 工 监 测

**10.3.1** 当钢结构工程施工方法或施工顺序对结构的内力和变形产生较大影响时，或设计文件有特殊要求时，应进行施工过程模拟计算，主要包括施工阶段结构分析、结构预变形计算等计算工作。

**10.3.2** 施工监测宜与量测、观测、检测及工程控制相结合。

**10.3.3** 下列工程应进行施工监测：

　　**1** 建筑高度不小于 300m 的高层建筑；

　　**2** 跨度不小于 60m 的柔性大跨结构或跨度不小于 120m 的刚性大跨结构；

　　**3** 带有不小于 25m 悬挑楼盖或 50m 悬挑屋盖结构的工程；

　　**4** 设计文件有要求的工程。

**10.3.4** 施工监测应根据监测方案进行计价。

条 文 说 明

# 目　　录

# 第2章 术 语

## 2.1 钢结构工程术语

**2.1.9** 支座包括固定支座、滑动支座、铰支座和球形支座等。

**2.1.10** 消能阻尼器包括金属屈服型阻尼器、屈曲约束支撑、黏滞阻尼器、磁流变阻尼器、电涡流阻尼器、黏弹性阻尼器、摩擦型阻尼器、调谐质量阻尼器等。

**2.1.11** 隔震装置包括天然橡胶支座、铅芯橡胶支座、高阻尼橡胶支座、弹性滑板支座、摩擦摆隔震支座等。

**2.1.13** 预拼装是为检验构（部）件加工制作质量是否满足设计文件要求，在出厂前进行整体或部分（分段、分层）的临时性组装作业过程。参见现行行业标准《钢结构制造技术标准》T/CSCS 016。

**2.1.14** 数字化模拟预拼装通过采用数字化的测量设备和软件，将采集到的分段构件控制点的实测三维坐标在计算机软件中模拟拼装，形成分段构件轮廓的数字模型，并与深化设计的理论模型拟合比对，检查分析拼装精度，得到所需修改的调整信息。经过必要的校正、修改与模拟拼装，直至满足精度要求。

**2.1.15** 焊接工艺评定是为验证所拟定的焊件焊接工艺的正确性，通过对焊接方法、焊接材料、焊接参数等进行选择和调整而进行的一系列工艺性试验，以确定获得标准规定的焊接质量的焊接工艺。焊接工艺评定是保证质量的重要措施，为正式制定焊接工艺指导书或焊接工艺卡提供可靠依据。

# 第3章 钢结构工程计价方式

## 3.1 计价依据及造价文件

**3.1.1** 工程计价在设计阶段及其之前是对工程造价的预测，在交易阶段及其以后是对工程造价的确定。工程计价应体现《工程造价改革工作方案》（建办标〔2020〕38号）中提出的"充分发挥市场在资源配置中的决定性作用，进一步推进工程造价市场化改革"的原则。工程计价可分为以下阶段：

（1）项目建议书或可行性研究阶段，建设单位向国家或主管部门申请建设项目投资时，为了确认建设项目的投资总额而编制的经济文件。

（2）在招标投标阶段，工程计价可用于招标控制价、投标报价的编制和合同价格的确定。

（3）在施工阶段，工程计价可用于施工图预算的编制和合同价格变更的审核。

（4）在竣工阶段，工程计价可用于竣工结算的编制和竣工结算的审核。

## 3.2 钢结构工程计价方法

**3.2.1** 工程量清单计价方法有多种形式，主要为建设工程工程量清单计价和非国标清单计价。

工程量清单计价是建设工程招标投标中，招标人按照国家统一的工程量计算规则提供工程数量，由投标人依据工程量清单自主计价，完成由招标人提供的工程量清单所需的全部费用。

非国标清单常为港式清单，港式清单分为主体项目和开办项目，综合单价取全部费用，包括直接费、间接费、管理费、利润、税金等，以企业定额为标准。

工程定额计价是根据国家或地方颁布的定额编制形成全部费用。

**3.2.3** 工程量清单计价一般采用综合单价。综合单价是指完成每分项工程每计量单位合格建筑产品所需的全部费用。综合单价应包括为完成工程量清单项目，每计量单位工程量所需的人工费、材料费、施工机具使用费、管理费、利润，并考虑风险、招标人的特殊要求等的费用。

**3.2.4** 分部分项工程项目清单必须载明项目编码、项目名称、项目特征、计量单位、工程量和工程量计算规则。编制分部分项工程项目清单时，应表明拟建工程的全部分项实体工程名称和相应数量，并对项目进行准确描述。分部分项工程项目清单编制时应避免错项、漏项。

措施项目清单表明了为完成分项实体工程而必须采取的一些措施性工作，发生于该工程施工前或施工过程中的非工程实体项目和相应数量的清单，包括施工方案及技术、生活、安全、文明施工等方面的相关非实体项目。

影响措施项目设置的因素很多，除工程本身因素外，还涉及水文、气象、环境、安全等，表中不可能把所有措施项目一一列出，因情况不同，出现表中未列的措施项目，工程量清单编制人可作补充。但分部分项工程项目清单项目中已含的措施性内容，不得单独作为措施项目列项。措施项目清单以"项"为计量单位，相应数量为"1"。

其他项目清单主要为暂列金额、暂估价、计日工、总承包服务费，体现了招标人提出的一些与拟建工程有关的特殊要求，这些特殊要求所需的费用金额应计入计价中。

目前由于现行国家标准《建设工程工程量清单计价规范》GB 50500 不规定具体的人工、材料、机械费的价格，所以计价时各地区可采用当时当地的市场价格信息，使用工程定额的人工、材料、机械消耗量进行计价。

**3.2.5** 分部分项工程项目清单计价的核心是综合单价的确定，

应按下列顺序进行计算：

（1）确定工程内容。根据工程量清单项目和拟建工程的实际，确定该清单项目的主体及其相关工程内容。

（2）确定工程数量。按现行建筑工程量计算规则的规定，分别计算工程量清单项目所包含的每项工程内容的工程数量。

（3）确定消耗量。根据工程内容，确定人工、材料、机械台班消耗量。

（4）确定人工、材料、机械台班单价。应根据现行国家标准《建设工程工程量清单计价规范》GB 50500 规定的费用组成、计算方法，参考工程造价管理机构发布的人工、材料、机械台班信息价格及市场价格，确定相应单价。

（5）确定"工程内容"的人工、材料、机械台班价款。计算清单项目每计量单位所含某项工程内容的人工、材料、机械台班价款具体算法如下：

工程内容的人工、材料、机械台班价款＝∑〔人工、材料、机械台班消耗量×人工、材料、机械台班单价〕

（6）确定工程量清单项目的人工、材料、机械台班价款。计算工程量清单项目每计量单位人工、材料、机械台班价款，具体算法如下：

工程量清单项目人工、材料、机械台班价款＝工程内容的人工、材料、机械台班价款之和

（7）选定费率。应根据现行国家标准《建设工程工程量清单计价规范》GB 50500 规定的费用项目组成，并参照其计算方法，或参照工程造价主管部门发布的相关费率，结合本企业和市场的情况，确定管理费率、利润率。

**3.2.6** 措施项目清单计价应结合施工方案及技术、生活、安全、文明施工等方面的相关非实体项目，其费用发生的多少与使用时间、施工方法等相关，一般不构成工程实体。措施项目费计价的编制应考虑多种因素，除工程本身的因素外，还应考虑水文、地质、气象、环境、安全等和施工企业的实际情况。

**3.2.7** 其他项目清单主要包含暂列金额、专业工程暂估价、计日工、总承包服务费。暂列金额应根据工程特点按招标文件的要求列项并估算；专业工程暂估价应分不同专业估算，列出明细表及其包含内容等；计日工应列出项目名称、计量单位和暂估数量；总承包服务费应列出服务项目及其内容、要求、计算方式等。

**3.2.9** 钢结构工程量计算规则采用现行国家标准《建设工程工程量清单计价规范》GB 50500 中金属结构工程的工程量计算规则，当钢结构施工图深度不够且无法精准计量时，可按照建设方及设计院确认的深化详图计算工程量。

**3.2.10** 钢结构综合单价包含主材及损耗费、加工费、工厂油漆费、工厂开孔费、运输费、现场安装费、管理费、利润等。其他如压型钢板、防火涂料、面漆等工程，一般会在清单中单独列项。

采用单价合同的工程，若招标文件和招标工程量清单存在错误，或者建设单位未对投标时提出的疑问或异议进行澄清或修正，但工程施工合同履行中确实发生的，建设单位应承担由此导致施工单位增加的费用和（或）延误的工期以及合理利润。

钢结构工程措施分为通用措施（包括安全文明四项措施，夜间施工，二次搬运，冬、雨期施工等）和专项措施，其中钢结构工程的专项措施费用主要为以下三类：

（1）钢结构制作运输所需的工装、胎架、吊耳、工艺隔板、工艺支撑、引熄弧板、衬垫板、运输加固与支撑等费用。

（2）钢结构安装所需的大型机械费用，包括塔式起重车、履带式起重车、汽车式起重车、龙门式起重车等大型起重机械等相关人工费、使用费、油电费、爬升费、进出场安拆费等。

（3）钢结构安装所需的脚手架、临时支撑、现场拼装措施、临时场地加固处理、构件中转场、垂直运输机械、特殊机械工具（如提升设备、改装机械等）等相关费用。

## 3.3 钢结构计价风险

**3.3.1** 风险是一种客观存在、会造成损失、不确定的状态。其特点是客观性、损失性、不确定性。项目风险是指一个工程项目在设计、施工、设备调试、移交运营等全过程中可能出现的风险。本条款所指的风险是工程施工阶段发承包双方在招标投标活动、履行合同及施工过程中所面临的涉及工程计价的风险。

（1）风险应是有限的，而不是无限的

建设项目招标投标是工程建设交易的一种方式，成熟的建设市场应该是体现交易公平的市场。风险共担、合理分摊原则是实现建设市场交易公平性的具体体现，是维护建设市场正常秩序的措施之一。

项目建设过程中，发承包双方都面临着诸多风险，但并非全部风险都应由承包商承担，而是按照风险共担的原则，合理分担风险。它的具体体现是，发承包双方应在招标文件或合同中确定并明确发承包双方各自应承担的风险内容、风险范围或幅度，而不能要求承包商承担所有风险或无限度风险。

（2）风险的分摊原则

在我国社会主义经济条件下，根据国际惯例和工程建设的特点，发承包双方在工程施工阶段的风险分摊原则应采用如下原则：

对于主要由市场价格波动引起的价格风险，例如人工、建筑材料、机械等价格风险，发承包双方应在招标文件或合同中明确约定此类风险的范围和幅度，进行合理分摊。

对于法律、法规、规章或相关政策的出台，造成工程税金、规费、人工费等发生变化，并由省级、行业建设行政主管部门或其授权的工程造价管理机构根据上述变化作出的政策性调整，承包人不应承担此类风险。

承包人根据自己的技术水平、管理、经营状况可以自主控制的风险，如承包人的管理费、利润等，承包人应结合市场情况，根据企业自身的实际情况，合理确定、自主报价，风险由承包人承担。

**3.3.2** 当出现影响合同价格调整的因素时，应由发包人承担的情形如下：

（1）国家法律、法规、规章、政策的变更。因为发承包双方都是法律、法规、规章、政策的执行机构，当合同价格变动对合同价格产生影响时，发包人应承担相应的规费和税金的变动。

（2）各地建设主管部门根据当地人力资源和社会保障主管部门的有关规定，对人工成本或人工费用进行调整。

（3）实行政府定价或政府指导价的原材料价格发生调整。《中华人民共和国价格法》第六十三条规定：执行政府定价或政府指导价的，在合同约定的交付期内，按政府价格调整的交货价格计价。如逾期交货，遇价格上涨，按原价格执行；降价时，按新价格执行。过期后取回标的物或者逾期付款的，遇价格上涨，按新价格执行；降价时，按原价格执行。为此，对实行政府定价或政府指导价的原材料价格应按照有关文件规定进行价格调整。

# 第 4 章 钢结构设计计价

## 4.2 钢结构设计

**4.2.1** "设计基本服务"指设计人根据发包人的委托,按国家法律、技术规范和设计深度要求向发包人提供编制方案设计、初步设计(含初步设计概算)、施工图设计(不含编制工程量清单及施工图预算)文件服务,并相应提供设计技术交底、解决施工中的设计技术问题、参加竣工验收服务。

"设计其他服务"是指发包人要求设计人另行提供且发包人应当单独支付费用的服务,包括:应用 BIM 技术、采用预制装配式建筑设计、编制钢结构施工招标技术文件、编制工程量清单、编制施工图预算、建设过程技术顾问咨询、编制竣工图、驻场服务。

**4.2.4** 钢结构工程费用包括人工费、材料费、加工费、运输费、安装费、企业管理费、利润、规费和税金。

**4.2.7** 钢结构设计服务费支付方式主要根据设计各阶段完成的工作量而制定,建筑钢结构设计各阶段工作量分配比例参照住房和城乡建设部颁发的《全国建筑设计劳动(工日)定额》,见表 1。

表 1 设计各阶段工作量分配参考比例表

| 设计阶段 | 简单 | 一般 | 复杂 | 特别复杂 |
|---|---|---|---|---|
| 方案阶段 | 15% | 20% | 25% | 25% |
| 初步设计阶段 | 18.2% | 19.9% | 20.4% | 21.7% |
| 施工图设计阶段 | 59.3% | 52.4% | 46.9% | 45.1% |
| 施工配合阶段 | 7.5% | 7.7% | 7.7% | 8.2% |
| 合计 | 100% | 100% | 100% | 100% |

# 第5章 钢结构加工制作与运输计价

## 5.2 详图设计及 BIM

**5.2.1** 钢结构施工详图设计除符合结构设计施工图要求外，还要考虑钢结构制作和安装工艺技术要求，以及与钢筋混凝土工程、幕墙工程、机电工程等交叉施工的技术要求。施工详图设计时需重点考虑施工构造、施工工艺等相关要求，设置必要的工艺措施，以保证施工过程装配精度，减少焊接变形等。安装用的连接板、吊耳等宜根据安装工艺要求设置，在工厂完成；安装用的吊装耳板应进行验算。构件的分段分节应根据结构特点，结合钢结构加工、运输及现场安装要求确定。

**5.2.3** 钢结构建筑信息模型技术的应用可分为设计、建造和运维等不同阶段。钢结构 BIM 模型的深度应以满足项目需求为准。对于实际项目的模型深度具体要求和交付成果，建设单位宜在招标和合同中约定。

BIM 模型等级分级定义如下：

（1）LOD 100 等级：此等级的 BIM 模型通常在项目决策阶段使用。该深度下的 BIM 模型应达到项目概念模型的深度，包含建筑构件的基本形状、尺寸、体积、空间位置等信息，LOD 100 等级的模型完成后可以作为项目的概念模型，用作项目外观展示、环境周边模拟、计算投资概算等。

（2）LOD 200 等级：此等级的 BIM 模型通常在项目的深化设计阶段使用。该深度下的 BIM 模型的建筑构件比 LOD 100 等级更精细，包括建筑构件准确的坐标、详细尺寸、组成元素、具体形状等信息。LOD 200 等级的模型在完成后作为项目的深化设计模型，用于项目招标投标、投资预算编制等。

（3）LOD 300 等级：此等级的 BIM 模型通常在项目的预备

施工阶段使用。该深度下的 BIM 模型应能够自行计算建筑构件的工程量并进行统计，模型的复杂程度较完善，能够模拟施工过程，编制项目进度计划，并出具各专业的施工图。LOD 300 等级的模型在完成后为项目的设计模型，应用于预备施工阶段、施工过程检查等。

（4）LOD 400 等级：此等级的 BIM 模型的复杂程度基本与设计模型一致，由施工方在深化设计模型基础上建立，为施工提供帮助，本模型将记录施工现场实际数据以及变更。LOD 400 等级的模型将在项目完成后深化为项目竣工模型和运营模型，根据该模型能够出具项目的决算报告以及设计变更报告。

（5）LOD 500 等级：此等级的 BIM 模型保存为可读数据库，由施工模型演变而来，用于对项目各专业设备的维护。LOD 500 等级主要应用于项目最后的运营与管理中。

**5.2.4** 结构形式上，如仿生造型、复杂造型等异形结构复杂程度高。构件形式上，如双向弯曲、弯扭等构件复杂程度高。节点上，如多构件交汇、异形节点等复杂程度高。

## 5.3 原 材 料

**5.3.2** 钢板厚度方向性能要求包括 Z15、Z25、Z35，性能要求越高，成本越高。

高性能钢材包括高层建筑结构用钢（GJ 钢）、耐候钢等。性能要求越高，成本越高。

**5.3.7** 水性涂料相比溶剂型（油性）涂料，VOC 释放量少，环保性能更好，成本较高。

**5.3.8** 钢结构原材料价格影响因素如下：

（1）钢结构原材料价格应包括自供货商运输至加工厂仓库或指定堆放地点所发生的全部费用及为组织采购、供应和保管材料过程中所需的各项费用，包含市场供应价、运杂费及采购保管费。

（2）原材料采购时，需明确材料税额及对应的税率。

（3）原材料采购时，需明确是按"一票制"还是按"两票制"的形式进行价格结算。编制造价时需考虑不同票制的情况、财税部门的不同规定对价格的影响。

（4）编制造价时需根据工程资金情况，考虑材料采购所产生的资金成本对造价的影响。

（5）编制造价时需考虑各省、市、区发布的信息价均为符合国家质量标准的合格产品社会平均价。当有特殊品牌要求和质量要求时，应考虑不同要求对材料价格和供货周期的影响。

（6）考虑材料采购及加工所需时间，钢结构材料调差计算周期应考虑钢结构安装开始前的必要时间。调差节点可根据时间进度、工程形象进度、供货进度调整，具体调差方法按国家或各地区相关政策及甲乙双方约定的方法执行。

## 5.4 零 件 加 工

**5.4.1** 板材下料工作内容包括：吊运、切割、边缘打磨、标识、自检、堆放等。直条板件下料宜采用直条切割机；弧形板、异形板等采用数控切割，切割效率较低、材料损耗较大，成本较普通直条板件高。

**5.4.5** 相同管径下壁厚越薄、弯曲半径越小，加工难度越大，加工成本越高。空间弯曲钢管工艺复杂、难度大，加工精度要求高，加工成本高。

**5.4.8** 零件精加工应符合图纸标注的表面粗糙度 Ra 要求。厂房吊车梁加劲肋上侧、高层钢柱柱顶均要求铣平，销轴孔一般需进行镗孔加工。

## 5.5 钢 柱

**5.5.1** 小截面的 H 型钢柱的焊接空间狭小，导致退装退焊步骤多、热输入敏感，过程容易造成构件变形，矫正工作量大，加工成本相对较高。

H 型钢柱高厚比（高宽比）较大时，加工成本较高。

复杂截面 H 型钢柱有波纹腹板 H 型钢柱、折型腹板 H 型钢柱、偏心 H 型钢柱、斜翼缘 H 型钢柱、单面斜及双面斜 H 型钢柱、组合 H 型钢柱、变截面钢柱、H 型钢柱转其他截面的过渡段（如 H 形转箱形、H 形转圆管形等）等，如图 5.5.1 所示。

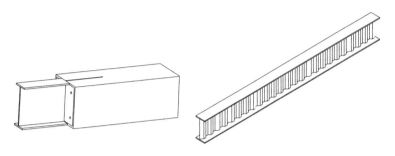

图 5.5.1　部分复杂截面 H 型钢柱示意图

**5.5.2**　十字型钢柱的本体由 H 型钢及两个 T 型钢组焊成型。T型钢由 H 型钢切割成型。相比于 H 型钢柱，十字型钢柱的加工成本较高。

（1）T 型钢由 H 型钢本体切割而成，增加了切割工作量及坡口开设工作量。

（2）切割缝需增加割缝余量，T 型钢焊于 H 型钢本体上需增加焊接收缩余量，十字型钢柱的材料损耗高于 H 型钢柱。

（3）受空间限制，十字型钢柱中 T 型钢与 H 型钢之间的本体焊缝一般无法采用埋弧自动焊工艺，采用手工焊接效率低，成本高。

（4）十字型钢柱相比于 H 型钢柱，内隔板的焊接空间受限，焊接难度高，效率较低。

十字型钢柱截面越小、板厚越厚，其焊接空间越狭小，将严重影响内部零件的焊接，造成加工成本的增加。

复杂截面十字型钢柱，如王字型钢柱、圆管组合十字型钢柱、箱形组合十字型钢柱、偏心十字型钢柱、弯曲十字型钢柱、钢柱变截面段、十字型钢柱转其他截面的过渡段等，如图 5.5.2 所示。

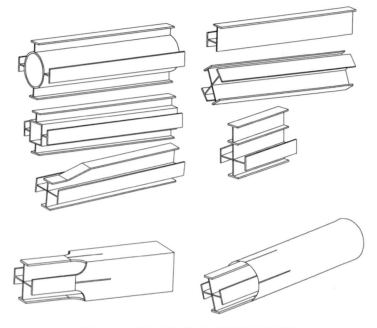

图 5.5.2　部分复杂截面十字型钢柱示意图

**5.5.3**　箱型钢柱除了常规箱型钢柱外，还有其他复杂截面箱型钢柱（图 5.5.3），如：

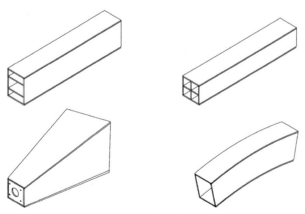

图 5.5.3　部分复杂截面箱型钢柱示意图

（1）双箱体箱型钢柱；

（2）三箱体箱型钢柱；

（3）特殊箱体箱型钢柱；

（4）多边形箱型钢柱；

（5）钢柱变截面段；

（6）箱型钢柱转其他截面的过渡段，如箱形转十字形、箱形转圆管形等；

（7）其他复杂箱型钢柱。

**5.5.4** 圆管柱直径越小、板厚越厚，其卷制难度越大。

圆管柱除了常规形式外，还演变出其他复杂截面的圆管柱（图 5.5.4），如：

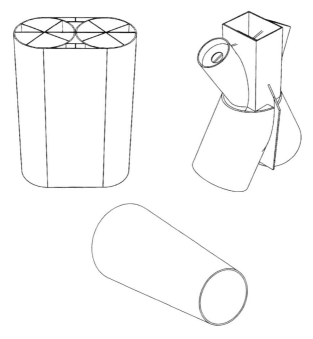

图 5.5.4 部分复杂截面圆管钢柱示意图

（1）锥形柱；

（2）梭形柱；

（3）椭圆柱；

（4）组合圆管柱；

（5）钢柱变截面段；

（6）圆管柱转其他截面的过渡段，如圆管转十字柱、圆管转箱型等；

（7）其他复杂圆管柱。

**5.5.5** 以下情况对异形柱的造价有明显的提升：

（1）本体数量的增加导致结构变得复杂；

（2）退装退焊步骤的增多；

（3）结构过渡导致板厚增加；

（4）焊接空间的限制导致手工焊的比例增大；

（5）结构变化导致焊接变形控制难度增大，进而导致的矫正工作量增大。

**5.5.6** 格构柱主肢通常采用热轧 H 型钢、槽钢和角钢。常见格构柱包括双肢、三肢和四肢组合构件，加工成本逐步上升。缀件包括缀板和缀条，前者用于小截面格构柱，后者用于大截面格构柱。缀条式格构柱连接量大，加工成本高。

## 5.6 钢　梁

**5.6.4** 桥零件是指组成桥梁钢构件的基本单元，其中主要构件的盖板和腹板，箱型钢梁横隔板，板单元的面板、纵肋、横肋、拼接板、节点板及圆柱头焊钉为主要零件，其余为次要零件。

桥面板单元是由桥面板及纵肋、横肋组成的单元。

## 5.9 空间网格结构构件

**5.9.1** 网壳结构有单层和双层等区别。其中单层网壳常采用以下形式：圆柱面网壳、球面网壳、椭圆抛物面网壳（双曲扁壳）及双曲抛物面网壳（鞍形网壳、扭网壳）。

双层网壳可由两向、三向交叉的桁架体系或由四角锥体系、三角锥体系等组成，其上、下弦网格可采用单层网壳的方式布置。

## 5.10 弯扭钢构件

**5.10.5** 弯扭钢构件的本体线型需分段拟合弯曲成型，弯曲弧度随弯扭线型变化而相应调整。为检验每一小段的弧度是否调整到位，需要制作相应的弧度复核样板进行测量。采用等比例样板复核弯扭构件零件精度时，应计取样板制作费、材料费。

**5.10.7** 弯扭钢构件具有唯一性，胎架无法重复使用，其制作及拆除工程量巨大，应增加胎架摊销费用。

**5.10.10** 弯扭钢构件的焊缝大多为自由曲线，无法采用埋弧焊或自动焊等高效焊接方法，只能采用手工焊接。弯扭钢构件操作空间限制多，构件翻身困难，需要焊工全位置焊接，焊缝质量等级要求高，对焊工的技术水平要求高，焊接效率低，焊接成本高。设计对焊缝表面有磨平、焊脚尺寸等特殊要求的，应增加费用。

箱型钢构件弯扭内隔板无法采用电渣焊焊接，需全部采用手工焊接，焊接空间狭小，需要焊工全位置焊接，焊接难度大。若内隔板需四面焊接，盖板需分段组装，则应增加费用。

## 5.12 建筑外露钢构件

**5.12.2** 美国、加拿大等国针对建筑外露钢结构（Architecturally Exposed Structural Steel，简称 AESS）制定了相应的标准，根据外观要求将其由低至高分为不同等级，如美国钢结构协会 AISC 制定的《建筑和桥梁钢结构应用标准法规》（*Code of Standard Practice for Steel Buildings and Bridges*）中对 AESS 作了如下分级：

AESS 1：Basic Elements（最基本的要求）

AESS 2：Feature Elements（视距>6m/20Ft）

AESS 3：Feature Elements（视距≤6m/20Ft）

AESS 4：Showcase Elements（特意展示给公众的）

AESS C：Custom Elements（定制要求）

由于建筑外露钢结构的外观效果受主观判断影响，为确保质量验收统一标准，需在正式实施前制作视觉样板。

业主和建筑师需要根据项目特点及建筑美学要求，综合考虑外观要求及建造成本，确定不同部位的外露标准和要求。

**5.12.3** 建筑外露钢结构的深化设计与普通钢结构深化设计相比要求更高，主要体现在：

（1）相关界面设计协调更为紧密，如与机电、幕墙、装饰专业的设计协调更为重要，以避免后期发生在 AESS 构件上补焊等现象。

（2）对焊缝等深化设计要求更高，在满足结构受力前提下，尽量减少外露的焊缝。

（3）对构件和节点形式进行优化，如将节点形式优化为容易采用工业化机械加工的形式，充分发挥机械加工精度高和效率高优势。

建筑外露钢结构的构件加工前应通过优化加工工艺，采用更加合适的加工工艺来提高构件外观质量。钢材原材料质量控制更为严格，尤其是平整度和公差要求更高。钢材下料采用等离子或激光切割，以提高切割精度和切割面平整度。构件采用精密铣床铣边处理，提高构件加工外形尺寸精度，加工过程采用专业工装胎架，提高零部件组装精度，控制焊接变形。

焊缝需要根据不同外露钢结构设计要求进行打磨，最高级别的外露钢结构要求焊缝打磨平整，涂装后表面看不出焊缝痕迹。

建筑外露钢构件需要考虑完善的包装以及运输工装，以保证产品在运输过程中不发生变形或不出现影响外观质量的损伤。

建筑外露钢结构与普通钢结构相比，其深化设计、加工和安装工期将增加。

表 5.12.3 给出了按照美标 AESS 不同等级的加工及包装要求，供参考。

表 5.12.3　按照美标 AESS 不同等级的加工及包装要求

| 加工 | | 普通钢结构 | AESS1 级 | AESS2 级 | AESS3 级 | AESS4 级 |
|---|---|---|---|---|---|---|
| 成本 | | 较低 | 低 | 中 | 较高 | 高 |
| 要求 | 适用性 | 常规建筑 | 有一定外观要求的钢结构 | 更高外观要求的钢结构，6m 以外的视觉效果 | 更高外观要求的钢结构，6m 以内的视觉效果 | 艺术品级别的外观要求 |
| | 钢材锈蚀等级选用 | C 级或以上 | C 级或以上 | B 级或以上 | B 级或以上 | A 级 |
| | 制作公差 | 按标准或项目要求 | 按标准或项目要求 | 标准制作公差的 1/2 | 标准制作公差的 1/2 | 标准制作公差的 1/2 |
| | 焊缝连续性 | 按标准或项目要求 | 视具体情况而定 | 视具体情况而定 | 焊缝要连续 | 焊缝要连续 |
| | 焊缝成形 | 不影响焊接质量即可 | 不影响焊接质量即可 | 焊缝均匀平滑 | 焊缝均匀平滑 | 焊缝均匀平滑 |
| | HSS 焊缝可见性 | 不影响焊接质量即可 | 不影响焊接质量即可 | 不影响焊接质量即可 | 降低可见性 | 不可见 |
| | 倒角/倒圆 | 按标准或项目要求 | 锐边打磨圆 | 锐边打磨圆 | 锐边打磨圆 | 锐边打磨圆 |
| | 除锈处理 | 按标准或项目要求 | 至少 SSPC SP6 | 至少 SSPC SP6 | 至少 SSPC SP6 | 至少 SSPC SP6 |
| | 表面凹坑、气孔填补 | 按标准或项目要求 | 按标准或项目要求 | 按标准或项目要求 | 填补和打磨平 | 填补和打磨平 |

129

| 加工 | | 普通钢结构 | AESS1级 | AESS2级 | AESS3级 | AESS4级 |
|---|---|---|---|---|---|---|
| 要求 | 喷涂方式 | 视具体情况而定 | 视具体情况而定 | 无气喷涂 | 无气喷涂＋有气喷涂 | 无气喷涂＋有气喷涂 |
| | 油漆配套 | 按标准或项目要求 | 按标准或项目要求 | 按标准或项目要求 | 使用高光面漆 | 使用清漆盖面 |
| | 工厂工件打包方式 | 按标准或项目要求 | 按标准或项目要求 | 散货托架 | 散货托盘 | 散货托盘 |

## 5.14 包装及运输

**5.14.2** 公路运输是指在公路上运送货物的运输方式，主要承担短途运输，所用运输工具主要是汽车。铁路运输是指在铁路上运送货物的运输方式，主要承担长途运输，所用运输工具主要是铁路列车。水路运输是指以港口或港站为运输基地、以水域包括海洋、河流和湖泊为运输活动范围运送货物的运输方式，主要承担长途运输，其中特别是海运，承担各种进出口运输。

**5.14.4** 按照交通运输部令2021年第12号文件（交通运输部关于修改《超限运输车辆行驶公路管理规定》的决定）规定，有下列情形之一为超限运输：

（1）车货总高度从地面算起超过4m；

（2）车货总宽度超过2.55m；

（3）车货总长度超过18.1m；

（4）二轴货车，其车货总质量超过18000kg；

（5）三轴货车，其车货总质量超过25000kg；三轴汽车列车，其车货总质量超过27000kg；

（6）四轴货车，其车货总质量超过 31000kg；四轴汽车列车，其车货总质量超过 36000kg；

（7）五轴汽车列车，其车货总质量超过 43000kg；

（8）六轴及六轴以上汽车列车，其车货总质量超过 49000kg，其中牵引车驱动轴为单轴的，其车货总质量超过 46000kg。

超限运输应满足交通运输主管部门的相关要求、办理相关手续，具体运输费用需结合运距、形式、构件重量、构件尺寸等确定。

# 第6章　钢结构配件与制品计价

## 6.2　配件与制品

**6.2.1**　紧固件包括普通螺栓、高强度螺栓、铆钉、自攻螺钉、射钉、销钉等；预埋件包括地脚螺栓、膨胀螺栓、化学锚栓等；连接件包括花篮螺栓、栓钉、钢筋接驳器等。

**6.2.3**　关节轴承连接是钢结构中一种重要的连接形式。关节轴承连接常用于钢结构建筑的幕墙、支座、支撑、拉索端部等部位。

**6.2.7**　铸钢件铸造后铸件内残余应力比较大，需采用热处理方法（如正火加回火等方法）消除铸钢件内应力，使铸件各项性能指标满足设计要求。铸钢件加工后需进行打磨、抛丸处理，使铸钢件形成均匀一致的外观效果。除铸钢件焊接部位外，需作防锈处理。

**6.2.10**　钢结构常用的金属楼承板类型主要有压型钢板和钢筋桁架楼承板等。其中，压型钢板又分为开口型和闭口型；钢筋桁架楼承板又分为可拆卸式和不可拆卸式。

# 第7章 钢结构安装计价

## 7.1 一 般 规 定

**7.1.2** 本条对钢结构安装计价的主要影响因素进行了阐述说明。

（1）钢结构安装所需的现场临时施工道路及材料、构件堆场应注意地基承载力要求。当地基承载力不能满足钢结构材料及构件堆放要求时，应进行地基加固。当施工道路及场地布置在既有结构（如栈桥、地下室顶板、楼板等）上时，应对既有结构承载力进行复核，承载力不足的应进行加固并计取相应的加固费用。当现场临时场地面积不能满足钢结构材料及构件堆放要求时，需考虑必要的中转场费用及钢构件的二次驳运费用。

现场堆场及中转场费用中应包括必要的钢结构材料、构件装卸所需的起重机械费用。

（2）钢结构施工所需的垂直运输设备主要包括起重机械、施工升降机等。起重机械包括履带起重机、汽车起重机、塔式起重机、屋面起重机、门式起重机以及其他特殊起重机械。起重机械开行移动和作业区域的地基承载力应进行复核，并根据承载力要求进行加固。当起重机布置在地下室顶板、基坑栈桥或其他结构上时，应对下部结构承载力进行复核，承载力不足的需进行加固。塔式起重机固定在结构上或附着于结构上时，同样需对固定或附着处的永久结构进行复核和采取必要的加固措施，以确保安全。起重机械费用包括设备进出场费、装拆费、使用费以及起重机开行、作业区域基础加固费用。如起重机布置在结构上，需包括下部结构加固及保护费用。

（3）根据不同的钢结构类型及测量控制难度要求，需采用不同形式和测量精度的仪器，比如空间钢结构需要采用高精度全站仪进行测量定位。对于空间弯扭构件和全螺栓连接节点的安装，测量需提取大量特征点，造成工作量大大增加。

（4）现行国家标准《钢结构焊接规范》GB 50661 将钢结构工程焊接难度按钢板厚度、钢材分类、受力状态以及钢材碳当量不同分为不同等级。不同的焊接难度对所需的焊接工艺、焊工等级、焊接材料及设备、焊接工效等都有不同的要求，焊接费用差异大。因此应根据不同的焊接难度和要求进行相应的焊接费用计价。

对于不同的钢材类别和板厚，需要考虑相应的预热、道间温度控制和焊后保温工艺措施的费用。常用的预热工艺有火焰加热法和电加热法。

焊后消除应力的方法主要有热处理法（如电加热退火）、振动法、锤击法等。

（5）临时支撑是指提供钢结构安装过程中安全稳定的临时支承结构，包括刚性支撑、柔性支撑等不同类型。刚性支撑是指采用型钢、钢板等材料加工制作而成的具有自身刚度的临时支承结构，包括地脚锚栓定位支架、竖向支撑、水平支撑、斜向支撑等。柔性支撑是指采用钢丝绳、拉索等柔性材料作为支撑结构，包括缆风绳、斜拉索等。

（6）钢结构安装所需的安全措施包括垂直登高、水平通道、节点操作平台、登高车、设备平台（放置氧气、乙炔、电焊机、工具等）、安全挑网、平网及临边洞口安全隔离措施、涂装施工安全平台（放置防火涂料、防腐涂装）等，其费用应根据不同结构类型、不同施工环境及不同安全管控要求进行计算。

（7）其他影响钢结构安装造价的因素主要有试验检测、特殊季节施工措施以及其他因素。

钢结构安装相关的试验检测主要有焊接工艺评定及焊接相关试验、高强度螺栓相关试验、涂料相关试验等。

特殊季节施工措施主要包括雨季（汛期）、夏季（高温、台风）、冬季等特殊季节需要采取的施工措施。

其他因素包括但不限于管线、建（构）筑物等障碍物、专利、政策及相关政府制度（如临时交通管制、临时停工要求、由于时间较长的大型活动引起的停工或二次进场）等。

**7.1.4**  当金属楼承板与主体结构之间缺少钢梁时，需要设置支承构造。金属楼承板除本身外，还需要辅以封边挡板等附属材料。金属楼承板需要预留孔洞时，应在混凝土浇筑完毕后使用等离子切割或空心钻开孔，不得采用火焰切割。一般要求在波谷平板处开设，不得破坏波肋；如果孔洞较大，必须对洞口采取补强措施。

**7.1.5**  根据《危险性较大的分部分项工程安全管理规定》（住房和城乡建设部令第37号），对于超过一定规模的危险性较大的钢结构工程需编制专项安全施工方案，并经专家论证通过后方可实施。超过一定规模的危险性较大的钢结构工程包括但不限于：

（1）承重支撑体系：用于钢结构安装等满堂支撑体系，承受单点集中荷载7kN以上。

（2）采用非常规起重设备、方法，且单件起吊重量在100kN及以上的起重吊装工程。

（3）起重量300kN及以上的起重设备安装工程；高度200m及以上内爬起重设备的拆除工程。

（4）脚手架工程：搭设高度50m及以上落地式钢管脚手架工程；架体高度20m及以上悬挑式脚手架工程。

（5）跨度36m及以上的钢结构安装工程；跨度60m及以上的网架和索膜结构安装工程。

（6）采用新技术、新工艺、新材料、新设备及尚无相关技术标准的危险性较大的分部分项工程。

## 7.2  单层及多、高层建筑钢结构安装

**7.2.1**  单层及多、高层建筑钢结构通常采用履带式起重机、汽车式起重机、塔式起重机以及特殊起重装备进行高空散件安装。特殊起重装备包括屋面起重机（包括固定式、行走式）以及起重桅杆、提升吊装系统等自行设计研制的起重设备。

部分构件（如钢桁架等）可在地面扩大拼装后进行吊装。

**7.2.2** 塔式起重机主要有附着自升式、内爬式和外挂爬升式。

**7.2.11** 高层建筑钢结构高空防火涂料或油漆施工时需设置相应的防护措施，避免涂料受风荷载影响四处飘落，造成环境污染或其他影响。

## 7.3 高耸钢结构安装

**7.3.1** 高空散件（单元）安装方法是指利用起重机械将每个安装单元或构件进行逐件吊运并安装，整个结构的安装过程为从下至上流水作业。

整体起扳安装方法是指先将塔身结构在地面支承架上进行拼装，拼装完成后采用整体起扳系统（即将结构整体拉起到设计的竖直位置的起重系统），将结构整体起扳就位，并进行固定安装。

整体提升（或顶升）安装方法是先将钢桅杆结构在较低位置进行拼装，然后利用整体提升（或顶升）系统将结构整体提升（或顶升）到设计位置就位且固定安装。

**7.3.2** 高耸钢结构高宽比（长细比）较大，安装过程中侧向稳定要求更高，临时支撑费用较高。

高耸钢结构楼层结构较少，钢结构凌空安装风险大，安全措施设置上较高层建筑钢结构难度更高、更为复杂，成本更高。

**7.3.3** 高耸钢结构采用整体起扳方法安装时，先将高耸钢结构以平躺姿态拼装成整体，然后利用起扳系统将拼装好的结构整体扳起至设计姿态，与基础永久连接。

拼装胎架根据高耸钢结构形式及构件分段进行设计。胎架下方的基础（或下部既有结构）承载力应进行复核，承载力不足的应进行加固，并计取相应的加固费用。

拼装使用的起重设备通常采用履带起重机、汽车起重机、塔式起重机、门式起重机等，其费用除设备进出场费、装拆费、使用费等外，还应包括起重机基础等相关费用。

由于拼装和起扳过程中，高耸钢结构受力与设计姿态相差甚多，必须对拼装、起扳安装过程进行施工过程结构分析，根据计算结果确定必要的高耸钢结构加固方案，计取相应的加固费用。

整体起扳系统包括起扳桅杆、桅杆基础、桅杆后锚、起扳动力系统等，起扳动力系统通常采用卷扬机或穿心式液压千斤顶。整体起扳费用应包括上述起扳系统及其装拆等费用。

**7.3.4** 高耸钢结构采用整体提升（或顶升）方法安装时，先将高耸钢结构在地面或较低位置拼装成整体，然后利用整体提升（或顶升）系统将拼装好的结构整体提升（或顶升）至设计高度，完成安装。

对整体提升（或顶升）安装过程进行施工过程结构分析，根据计算结果确定必要的高耸钢结构加固方案，计取相应的加固费用。

整体提升系统包括提升支架、提升动力系统等，提升动力系统通常采用卷扬机（配合钢丝绳使用）或穿心式液压千斤顶（配合钢绞线使用）。整体顶升系统包括顶升支架、顶升动力系统等，顶升动力系统通常采用液压千斤顶。整体提升（顶升）费用应包括上述提升（或顶升）系统及其装拆等费用。

## 7.4 厂房、仓储钢结构安装

**7.4.2** 当檐口高度超过一定高度，受运输条件限制，应考虑现场接柱费用以及吊装难度系数。对于大跨、重型构件需采取多机抬吊吊装的，应考虑相应的机械增加费用。受场地及作业环境影响需在跨外吊装的，应考虑相应的大型吊装设备费用。对于安全要求高、场地条件较好、结构规整的项目，可采用地面模块拼装、整体吊装的方式，并考虑相应的多机抬吊及登高机械费用。

**7.4.4** 多层物流仓库、多层洁净厂房（如半导体芯片、液晶显示器等生产厂房）钢结构吊装所需的起重设备需要在楼板上开行和作业时，应对楼板的承载力进行复核，必要时进行加固，同时对楼板采取必要的保护措施，避免损坏楼板。

## 7.5 大跨度及空间钢结构安装

**7.5.1** 空间钢结构主要包括空间网格结构、索结构、膜结构等形式。空间网格钢结构主要包含网架结构（双层或多层）、网壳结构（单层或双层，也可局部双层）、立体桁架结构及张弦结构四种结构形式。

大跨度及空间钢结构的安装方法应根据结构类型、受力和构造特点，在确保质量、安全的前提下，结合进度、经济及施工现场技术条件综合确定。

高空散装安装方法适用于全支架拼装的各种大跨度钢结构，也可根据结构特点选用少支架的悬挑拼装施工方法。高空悬拼安装时先拼成可承受自重的结构体系，然后逐步扩展，适用于大悬挑空间钢结构，可减少临时支撑数量。

分条或分块吊装方法适用于分割后结构的刚度和受力状况改变较小的大跨度空间钢结构，分条或分块的大小根据设备的起重能力确定。

整体吊装方法是指将大跨度空间钢结构在地面或楼面适宜拼装的地方拼装成整体结构，然后采用起重机（可以单机吊装、多机抬吊）高空平移或旋转就位。

单元或整体滑移安装方法适用于能设置平行滑轨的各种大跨度空间结构，尤其适用于跨越施工（待安装的屋盖结构下部不允许搭设支架或行走起重机）或场地狭窄、起重运输不便等情况。

单元或整体提升安装方法是指钢结构在地面整体拼装完毕后提升至设计标高、就位。折叠展开式整体提升法是整体提升安装的一种特殊方法，适用于柱面网壳结构，在地面或接近地面的工作平台上折叠起来拼装，然后将折叠的机构用提升设备提升到设计标高，最后在高空补足原先去掉的杆件，使机构变成结构。

单元或整体顶升安装方法适用于支点较少的空间网格结构，结构在地面整体拼装完毕后顶升至设计标高、就位。

**7.5.2** 施工现场场地不能满足构件堆放或拼装要求，需在场外进行构件的堆放或拼装时，需考虑构件二次驳运，场地的租赁、平整硬化及完工后场地恢复等费用。

**7.5.7** 临时支承结构应根据结构类型、特点、施工环境以及施工方法进行设计，根据临时支承结构的支撑形式、卸载工艺要求等进行计价。临时支承结构除需考虑自身费用外，还需考虑损耗费用。

**7.5.8** 采用分条或分块吊装法安装时，因吊装单元受力改变，需对吊装工况进行计算分析。当计算结果超出结构安全要求时，应对结构局部构件及节点进行加固补强，计取相应费用。

**7.5.10** 结构滑移到位后需考虑整体卸载（即将钢结构自重由设备转移到主体结构上）及就位的相应措施费用。

**7.5.11** 结构提升（或顶升）到位后需考虑整体卸载（即将钢结构自重由设备转移到主体结构上）及就位的相应措施费用。

**7.5.13** 由于小网格尺寸的空间网格结构、小截面或异形截面构件的安装定位难、焊接效率及难度大、变形及精度控制难度高，导致人工消耗量增加，施工设备仪器要求提高，成本较一般的空间网格结构高。

网壳结构属于曲面异形结构，施工定位难度大，安装费较一般的空间钢结构高。

**7.5.15** 成品索为盘卷式包装，运输至现场后需要先展开才能安装。直径较小的索可由人工牵引展开；直径较大的可利用卷扬机牵引展开。放索过程中应当设置刹车和限位装置，索头应当用麻布袋等材料包裹，以避免拉索保护层和索体在展开过程中损坏。沿展索方向铺设圆钢管等措施，以保证索体和地面不接触。

索展开后利用起重设备起吊安装。钢索可采用液压千斤顶直接张拉，也可采用顶升撑杆、结构局部下沉或抬高、支座位移、横向牵拉或顶推拉索等多种方式对钢索施加预应力。索结构施工过程中应进行索力和结构变形监测。

**7.5.16** 考虑膜材的蠕变和松弛因素，裁剪时应适当放大，即应考虑膜材的裁剪补偿率。根据膜面应力分布确定膜的补强措施。

膜结构安装工序包括膜材搬运及展开、固定夹具等配件安装、膜材就位、膜材张拉、膜材固定。膜面展开时需设置搁置平台，平台上铺设防护膜（如 PVC 膜面等），确保膜面不受损伤。采用起重机吊装就位至展开平台。在膜边安装膜面甲板及牵引夹具等配件。膜面安装前安装绳网作为膜面安装的依托，绳网材料通常采用尼龙带。通过设置在膜面固定索（或钢结构）上的滑轮牵引膜面。当膜面被牵引到接近最终位置时，采用张拉力更大的紧线器（钢丝绳紧绳器）继续张拉。当膜面张拉力超出紧线机的张拉能力后，采用螺杆张拉工具张拉。膜面张拉工作完成后用永久夹具替换张拉工具，完成膜面安装。施工区域需设置完善的膜面安装操作平台。

## 7.6 市政桥梁钢结构安装

**7.6.1** 钢板梁是指由钢板或型钢等通过焊接、螺栓或铆钉等连接而成的工字形或者箱形截面的实腹式钢梁作为主要承重结构，主梁之间采用横向构件相连而形成整体受力结构的桥梁。

钢箱梁是典型的闭口薄壁结构，主要有单箱单室、双箱单室、多箱单室等形式。

组合梁是指采用剪力传递器（如抗剪栓钉）将钢板梁、钢箱梁、钢桁梁等结构构件和钢筋混凝土组合成共同工作的一种复合式结构。组合梁桥中采用最多的是简支梁桥结构形式，简支梁上缘受压、下缘受拉，符合组合梁材料分布的合理原则，即梁上翼缘应是适宜受压的混凝土板，下缘是利于受拉的钢梁。

**7.6.2** 起重机安装法主要采用汽车式起重机、履带式起重机进行吊装，可单机或双机抬吊，在场地狭小、环境复杂区域也可采用塔式起重机进行安装；由于城市市政桥梁多建设于既有道路上，路基条件相对较好，采用起重机安装法施工相对灵活、施工设备资源落实简单、施工技术难度相对较小，是城市市政桥梁钢结构最常用的安装方法。跨度较小的河道上方钢结构桥梁多采用地面起重机吊装，跨度较大的可采用浮吊安装或桥面吊机吊装。

架桥机安装法主要采用架桥机作为起重设备进行钢结构桥梁的安装，适用于无法设置地面起重机进行吊装的情况。架桥机移动和工作时支承于桥墩或已安装的桥面结构上，避免了占用地面或水面，可缓解地面或河道交通压力。

滑移安装法是在合适的位置设置拼装胎架（支承架）辅助进行桥梁钢结构的整体拼装，然后采用滑移系统将拼装成整体的桥梁钢结构通过牵引或顶推滑移至安装位置。

转体安装法多应用在跨越铁路、轨道交通、城市快速路等不能中断交通的场合，先平行于跨越线路的场地设置拼装胎架（支承架）进行钢结构桥梁拼装，然后在桥梁支墩处设置转动系统，通过千斤顶牵引或顶推使桥梁转动至设计位置。

**7.6.8** 钢箱梁等构件在运输和吊装过程中为控制变形，需要设置临时加强或加固措施。

## 7.7 其他钢结构安装

**7.7.2** 异形钢结构及构件形态复杂，空间定位要求高，安装时所需的临时支撑相对复杂，测量定位及变形控制难度更高。

**7.7.3** 悬挑或悬挂钢结构通常采用临时支撑辅助安装，以保证施工过程结构稳定。

当施工过程结构受力与设计状态不一致时，应根据施工方案进行施工过程结构分析，验证施工方案的可行性，并根据计算结果确定结构是否需要进行临时加强加固。比如悬挂钢结构采用从下往上顺序安装时，吊柱在施工阶段承受荷载作用，应复核其承压能力，并考虑相应的加强加固措施。

悬挑或悬挂钢结构安装时作业条件相对更差，应制订专门的安全措施。比如，悬挂钢结构采用从上往下、无支撑逆序安装时，安装作业层下方为凌空状态，安全风险很大，必须要考虑特殊的安全操作措施。

**7.7.4** 建筑外露钢结构由于其更高的外观要求，安装成本较普通钢结构更高，主要体现在以下方面：

（1）构件现场堆放及储存要求更高。

（2）构件吊装所需的工具要求更高。吊装及就位校正时需要采用特殊的吊索具、工夹具，以保证安装过程中不对结构外观产生破坏。

（3）临时支撑系统要求更高。不能随意设置临时支撑，临时支撑不能随意与外露钢构件连接，以免影响构件外观效果。

（4）安全操作设施要求更高。安全操作设施不能随意与外露钢构件连接固定，以免影响构件外观效果。

（5）构件的安装精度要求更高。

（6）外观要求更高。外露钢结构焊接部位的焊缝需要根据不同的外观要求进行打磨。表面涂装的平整度、色差等要求也要高于普通钢结构。

（7）安装完成的外露钢结构成品保护要求更高。

## 7.8　加固及改建钢结构安装

**7.8.1**　既有钢结构工程加固、改建前应根据建筑物的种类，分别按照现行国家标准《既有建筑鉴定与加固通用规范》GB 55021、《高耸与复杂钢结构检测与鉴定标准》GB 51008、《民用建筑可靠性鉴定标准》GB 50292、《工业建筑可靠性鉴定标准》GB 50144 和《建筑抗震鉴定标准》GB 50023 等进行检测与鉴定。

检测评定的内容包括材料性能、钢构件、连接和节点、结构体系和其他检测。

**7.8.4**　钢结构改建、加固施工应根据结构特点、按照合理顺序进行。为保证施工过程结构稳定或受力安全，应增加临时加固措施。

既有钢结构采用焊接加固时，应在卸荷条件下采用合理的焊接工艺。

钢结构加固、改建时，新增钢构件需采用合理的加工和安装工艺，以保证新旧钢结构现场连接。比如，圆钢管的加固常采用焊接钢管片的方式，为保证新增钢管片与被加固钢管的贴合，需要采购内径略大于被加固钢管外径的无缝钢管，并进行冷切割。

钢结构加固、改建施工受既有建筑影响，施工效率较新建工程低。

# 第8章 钢结构防腐与防火计价

## 8.2 钢结构防腐

**8.2.3** 钢结构除锈前处理的缺陷位置包括焊缝、边缘、一般表面，参照现行国家标准《涂覆涂料前钢材表面处理　表面清洁度的目视评定　第3部分：焊缝、边缘和其他区域的表面缺陷的处理等级》GB/T 8923.3 的要求。

**8.2.5** 钢结构除锈处理的程度会随着防腐年限、腐蚀环境等因素而发生变化，一般涉及三个级别，参照现行国家标准《涂覆涂料前钢材表面处理　表面清洁度的目视评定　第1部分：未涂覆过的钢材表面和全面清除原有涂层后的钢材表面的锈蚀等级和处理等级》GB/T 8923.1 的要求。

## 8.3 钢结构防火涂装

**8.3.3** 钢结构防火涂料按防火机理分为非膨胀型防火涂料和膨胀型防火涂料，参照现行国家标准《钢结构防火涂料》GB 14907 的要求。

膨胀型防火涂料按成膜物质可分为非环氧类膨胀型防火涂料和环氧类膨胀型防火涂料，参照现行行业标准《钢结构防火涂料应用技术规程》T/CECS 24 的要求。

非膨胀型防火涂料可分为水泥基非膨胀型防火涂料和石膏基非膨胀型防火涂料。

# 第9章 金属围护系统计价

## 9.3 金属墙面系统

**9.3.4** 夹板由外板、保温芯材和内板在工厂复合而成，一般位于墙梁外侧；现场复合板由外板、保温材料、内板在现场复合而成，内板（若有）一般位于墙梁内侧。

# 第10章 试验、检测及施工监测计价

## 10.1 钢结构试验

**10.1.1** 参照现行国家标准《钢结构工程施工规范》GB 50755。

## 10.3 施 工 监 测

**10.3.1** 根据现行国家标准《钢结构工程施工规范》GB 50755规定，当钢结构工程施工方法或施工顺序对结构的内力和变形产生较大影响，或设计文件有特殊要求时，应进行施工阶段结构分析，并对施工阶段结构的强度、稳定性和刚度进行验算，其验算结果应满足要求，以保证结构安全，或满足规定功能要求。

**10.3.3** 施工监测要求参照现行国家标准《建筑工程施工过程结构分析与监测技术规范》JGJ 302。